周期表

10	11	12	13	14	15	16	17	18
								$_2$He ヘリウム 4.003
			$_5$B ホウ素 10.81	$_6$C 炭素 12.01	$_7$N 窒素 14.01	$_8$O 酸素 16.00	$_9$F フッ素 19.00	$_{10}$Ne ネオン 20.18
	12 族元素は典型元素に 分類される場合もある。		$_{13}$Al アルミニウム 26.98	$_{14}$Si ケイ素 28.09	$_{15}$P リン 30.97	$_{16}$S 硫黄 32.07	$_{17}$Cl 塩素 35.45	$_{18}$Ar アルゴン 39.95
$_{28}$Ni ニッケル 58.69	$_{29}$Cu 銅 63.55	$_{30}$Zn 亜鉛 65.38	$_{31}$Ga ガリウム 69.72	$_{32}$Ge ゲルマニウム 72.63	$_{33}$As ヒ素 74.92	$_{34}$Se セレン 78.96	$_{35}$Br 臭素 79.90	$_{36}$Kr クリプトン 83.80
$_{46}$Pd パラジウム 106.4	$_{47}$Ag 銀 107.9	$_{48}$Cd カドミウム 112.4	$_{49}$In インジウム 114.8	$_{50}$Sn スズ 118.7	$_{51}$Sb アンチモン 121.8	$_{52}$Te テルル 127.6	$_{53}$I ヨウ素 126.9	$_{54}$Xe キセノン 131.3
$_{78}$Pt 白金 195.1	$_{79}$Au 金 197.0	$_{80}$Hg 水銀 200.6	$_{81}$Tl タリウム 204.4	$_{82}$Pb 鉛 207.2	$_{83}$Bi ビスマス 209.0	$_{84}$Po ポロニウム (210)	$_{85}$At アスタチン (210)	$_{86}$Rn ラドン (222)
$_{110}$Ds ダームスタチウム (281)	$_{111}$Rg レントゲニウム (280)	$_{112}$Cn コペルニシウム (285)	$_{113}$Nh ニホニウム (284)	$_{114}$Fl フレロビウム (289)	$_{115}$Mc モスコビウム (288)	$_{116}$Lv リバモリウム (293)	$_{117}$Ts テネシン (293)	$_{118}$Og オガネソン (294)
		+2	+3		−3	−2	−1	
			ホウ素族	炭素族	窒素族	酸素族	ハロゲン	貴ガス元素
			典型元素					

$_{64}$Gd ガドリニウム 157.3	$_{65}$Tb テルビウム 158.9	$_{66}$Dy ジスプロシウム 162.5	$_{67}$Ho ホルミウム 164.9	$_{68}$Er エルビウム 167.3	$_{69}$Tm ツリウム 168.9	$_{70}$Yb イッテルビウム 173.1	$_{71}$Lu ルテチウム 175.0
$_{96}$Cm キュリウム (247)	$_{97}$Bk バークリウム (247)	$_{98}$Cf カリホルニウム (252)	$_{99}$Es アインスタイニウム (252)	$_{100}$Fm フェルミウム (257)	$_{101}$Md メンデレビウム (258)	$_{102}$No ノーベリウム (259)	$_{103}$Lr ローレンシウム (262)

みつけよう化学

ヒトと地球の12章

山﨑友紀 著

Explore Chemistry
For Your Life and Our Planet

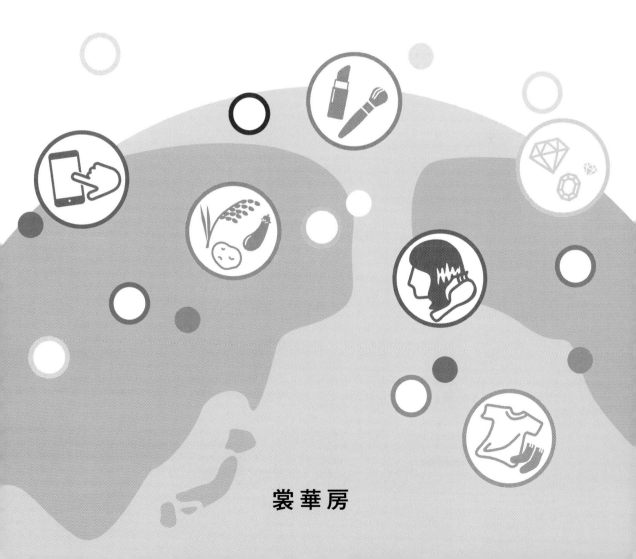

裳華房

Explore Chemistry

For Your Life and Our Planet

by

Yuki YAMASAKI

SHOKABO

TOKYO

JCOPY 〈出版者著作権管理機構 委託出版物〉

ま え が き

　本書『みつけよう化学 ―ヒトと地球の 12 章―』を手に取ってこのページを開いてくださった皆さん，ありがとうございます。本書の主な読者ターゲットは，高校生くらいから一般市民の皆さんすべてです。大学生については特に文系・理系を問わず，社会人になる前に学習すると役に立つ内容やテーマが盛り込まれています。本書のレベルとしては高校化学の基礎を学んだ経験があればおおむね理解できると思います。

　最近では，私たちが知りたいことはインターネットでだいたいなんでも調べられるようになりました。バーチャルな体験さえも視覚的・感覚的にネット世界から得られます。さらに近年のパンデミックによってオンラインでのバーチャル学習ツールやコミュニケーションツールも定着し，世界的に汎用されるようになってきました。

　そんな中，一科学者としてまたは化学の一教育者として経験を積んできた立場からこの世の中の動向を見ると，特に若い人たちの間で，いろいろな情報が簡単に広がり，あたかも身をもって体験したり，全体像を理解したような錯覚に陥ってしまったりする現象が増えているのではないかと危惧しています。この現象は，良いこともあると同時に，学習者にとっては邪魔になることもありえると感じています。

　皆さんの周りには，コロナの蔓延，気候変動，戦争，資源の枯渇，世界経済，食料問題など不安なことも多く，ネガティブな報道も少なくありません。これらのグローバルな問題を表面の情報だけで理解することができるでしょうか。一方で，ヒトという生き物は，自分自身が生きている意味を問い，いろいろな意味で幸せを追求する性質があります。知識，経験そして技術を積み重ねた先人が，人々の欲求に応じて世界の技術を発達させ，便利な世の中を築いてきました。このような時代であるからこそ，快適な生活に甘えることなく，ヒトとして「生きていること」，「日々の生活」そのものの中に潜んでいる「化学」の重要性や楽しさを，ほんの少しでも深く，一人でも多くの皆さんに学んで感じていただけたらと思い本著を執筆することにしました。

　日々，私たちが口にする食べ物や飲み物も何かの分子や物質でできていますね。体が必要とするものだけでなく，体が拒絶するものや，知らないうちに私たちの体を蝕むものさえも，それらの特徴は化学の知識で説明することができます。そして，地球上の生き物が命を営むための化学反応は，ポジティブにもネガティブにも地球環境に大きく影響しています。タイトルにもこのようなニュアンスを込めてみました。ぜひ楽しみながら身近な生活のための化学の知識を身に付けて，少しでもわくわくと学習するための材料にしていただけたらと願っています。

2023 年 2 月

著　者

目 次

第 8 章　おしゃれの化学

第 9 章　「キレイ」の化学

第 10 章　健康と化学

コラム

第 **1** 章　地球の化学

　私たちの体の中や生活空間にはたくさんの種類の物質が存在しており，化学反応も常に身近に起こっている。化学の世界に目を向けると，身近に起こる様々な現象を科学的に理解できるようになり，日常生活をもっと豊かに過ごすためのヒントにたくさん出会うことができる。第 1 章では，地球の仕組み，資源の有限性，地球で起きている自然現象などを通じて，元素の由来，原子の仕組み，気体の状態変化などの化学の基本に触れてみよう。

【 1-1 】「化学」の定義と役割

　「化学」は，**物質**そのものや**物質の変化**を扱う学問である。物質の多くが複数の元素から成り立っていて，その組み合わせや結合の仕方によってその物質そのものの性質や反応のしやすさに個性が出てくる。

　また，化学の分野はその扱う内容によって**無機化学，有機化学，分析化学，物理化学，量子化学，固体化学** … と多岐にわたるが，図 **1-1** のように，「化学」は物理や生物などの基本的な自然科学を支えているだけでなく，経済やビジネスなどの**社会科学**にも通じるセントラルサイエンスの位置づけを持っている。それは「化学」が私たちの生活や地球環

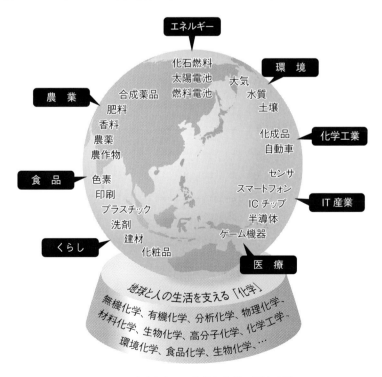

図 **1-1**　地球を支える化学と化学の関連分野

境を支える根幹となる学問だからである。本書では，どの化学のどの分野にも共通して必要な基礎的な部分だけでなく，各分野で活躍する化学のトピックを織り交ぜて，化学の重要性と楽しさを紹介していきたい。

【1-2】 地球をつくる元素

　地球は約46億年前に，太陽系が作られたときに惑星のひとつとして誕生した。地球は宇宙にさまよう小惑星，隕石，塵などが合体して作られたと考えられている。地球に今存在しているたくさんの種類の元素，例えば鉄 Fe，酸素 O，水素 H，ケイ素 Si，アルミニウム Al … なども宇宙のどこかで誕生したことになる。**図1-2**に示すように，比較的軽い元素は太陽のような恒星の中の**核融合反応**で形成され，比較的重い元素は質量の大きな恒星の活動または恒星の最晩年の活動（超新星爆発や中性子星）で形成されると考えられている。地球上には**周期表**（表紙の裏）で示される元素のほとんど，テクネチウム Tc と，アクチノイドのウラン U より重い元素以外は天然に存在している。91種類もの元素が地球の鉱物や地殻などを形成していることになる（**表1-1**）。本書では，**元素**はその原子の種類を特定するものと定義し，**原子**はあらゆる物質を構成する基本単位として取り扱う。

　地球の表面（地殻）にはたくさんの鉱物があるが，その多くが金属元素と酸素とが結合した**化合物**である。その他, 炭酸鉱物やハロゲン鉱物,

🪐 **アクチノイド**

原子番号89のアクチニウム Ac から103のローレンシウム Lr までの元素は互いに性質が非常に似通っており，一まとめにしてアクチノイドと呼ばれる。周期表（表紙裏に掲載している）ではランタノイドとともに欄外に張り出されている。

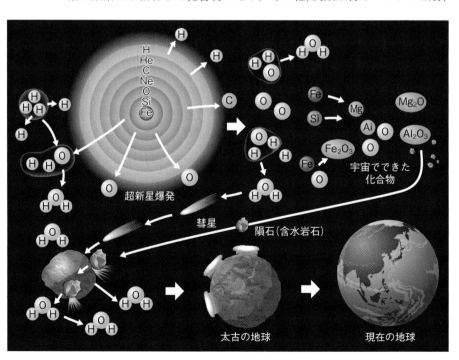

図1-2　恒星の核融合，超新星爆発，宇宙で作られた多様な元素や化合物が地球を形成した様子
（文献[1]より改写）

硫酸塩鉱物などもある。これは多くの金属元素が，**単体**では不安定なので，反応しやすい他の物質と反応して安定な状態に落ち着こうとするからである。

　地球の深部には図 1-3 のようにたくさんの宝石や貴金属，レアメタルなどが眠っているが，それらの貴重な物質は地球の長年の営みの一部として形成されたものである。このような希少で貴重な物質は地球の限られた場所でしか採掘されないため，枯渇させないためにも採掘や使用の仕方を考えなければならない。

　ダイヤモンドは特に地球深部の下部マントルあたりで形成されるが，海洋プレートあたりではいったんダイヤモンドがその高温で融けてキンバーライトマグマ[*1]ができることもわかっている。

表 1-1　地球全体の化学組成（%）（文献 [2] より）

元　素		Mason (1966)	Morgan, Anders (1980)
鉄	(Fe)	34.63	32.07
酸素	(O)	29.53	30.12
ケイ素	(Si)	15.20	15.12
マグネシウム	(Mg)	12.70	13.90
ニッケル	(Ni)	2.39	1.82
硫黄	(S)	1.93	2.92
カルシウム	(Ca)	1.13	1.54
アルミニウム	(Al)	1.09	1.41
ナトリウム	(Na)	0.57	0.13
クロム	(Cr)	0.26	0.41
マンガン	(Mn)	0.22	0.08
コバルト	(Co)	0.13	0.08
リン	(P)	0.10	0.19
カリウム	(K)	0.07	0.01
チタン	(Ti)	0.05	0.08

😀 レアメタル

鉄，銅，アルミニウムなどの汎用金属（ベースメタル）や金，銀などの貴金属以外の，産業に利用されている希少な金属をレアメタルという（12-4-3 項）。

*1　カンラン石などを成分とする塩基性の火成岩マグマ。

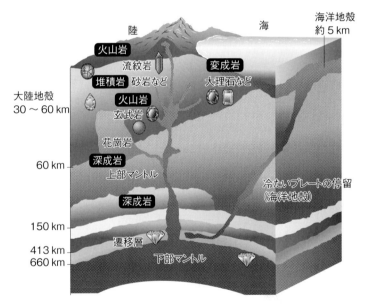

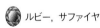

図 1-3　地球深部での宝石の形成場所（文献 [3] より改写）

【1-3】　原子の大きさと宇宙の大きさ

　物質を構成する原子の大きさを考えたことがあるだろうか。その世界を表す単位に，Å（オングストローム）[*2]がよく用いられる。

　原子の構造について，水素 $_1$H，ヘリウム $_2$He，炭素 $_6$C を例にして図 1-4 に示した[*3]。原子番号 1 番の水素は 1 つの陽子を原子核に，その周

*2　1 Å は 0.1×10^{-9} m = 0.1 nm（ナノメートル）である。

*3　元素記号の左の下付きの数字で原子番号を示すことがある。

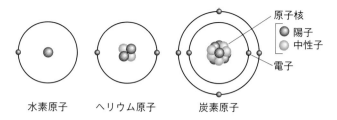

図 1-4　原子の構造（₁H, ₂He, ₆C を例として；図 2-2 参照）
原子番号 ＝ 陽子の数 ＝ 電子の数　質量数 ＝ 陽子の数 ＋ 中性子の数

りに 1 つの電子を持つのに対して，原子番号 6 の炭素は陽子と中性子を
6 個ずつ有する。周期表は原子番号（陽子の数）の順に並べられている。

　実際の電子の状態は，**図 1-5** で示した，薄まって存在している雲を
イメージしたものに近い。原子の中での電子の存在は，確率または密度
で表現されるからである。また，電子のエネルギー状態（配置される殻）
によって決まる電子の存在場所は，図のようにそれぞれの確率を形にし
て示すことができる。

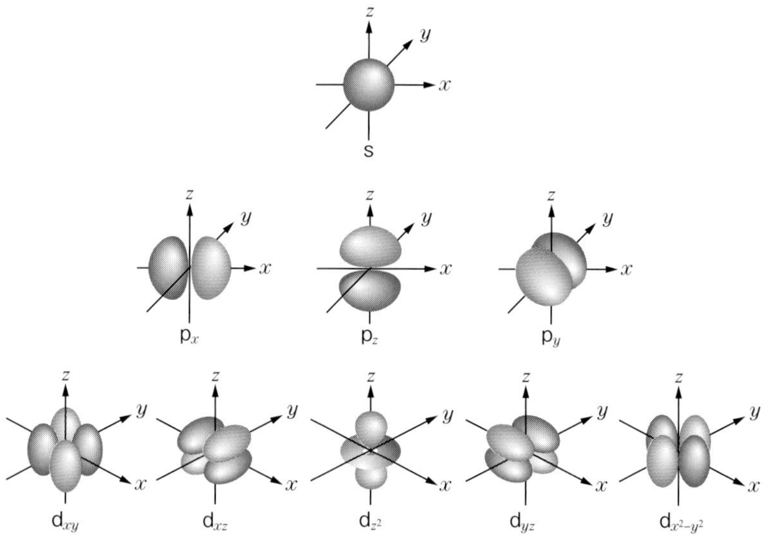

> 🐢 **炭素の同位体**
>
> 原子番号（陽子数）が同じでも質量
> 数が異なる場合があり，それらを互
> いに**同位体**と呼ぶ。炭素の同位体は
> 中性子が 6 個の ^{12}C と 7 個の ^{13}C に
> 加え，中性子が 8 個の ^{14}C がごくわ
> ずか存在する（2-2 節；元素記号の
> 左の上付きの数字で質量数を示すこ
> とがある）。

s

p_x　　　p_z　　　p_y

d_{xy}　　　d_{xz}　　　d_{z^2}　　　d_{yz}　　　$d_{x^2-y^2}$

図 1-5　s 軌道，p 軌道，d 軌道のおおまかな形

　原子核の大きさは核に入っている核子（陽子と中性子）の数によって
決まるが，原子の大きさとなると，原子核の大きさだけでなくその周り
に存在する電子が，いかに核に引き寄せられているか（電子密度）によっ
て変わってくる。電子密度などのファクターを丁寧に取り入れて 2016
年に再計算された値（**図 1-6**）によると，水素は 1.54 Å，バリウムは 2.93
Å である。天然の元素の中でもっとも原子番号と質量数が大きいウラ
ンのサイズは，バリウム Ba やラジウム Ra よりも小さいことがわかる。

　多くの元素を生み出してくれている宇宙の大きさはいかほどなのだろ

1	2	3	4	5	6	7	8	9	10	11	12	13	14	15	16	17	18
H 1.54																	He 1.34
Li 2.20	Be 2.19											B 2.05	C 1.90	N 1.79	O 1.71	F 1.63	Ne 1.56
Na 2.25	Mg 2.40											Al 2.39	Si 2.32	P 2.23	S 2.14	Cl 2.06	Ar 1.97
K 2.34	Ca 2.70	Sc 2.63	Ti 2.57	V 2.52	Cr 2.33	Mn 2.42	Fe 2.26	Co 2.22	Ni 2.19	Cu 2.17	Zn 2.22	Ga 2.33	Ge 2.34	As 2.31	Se 2.24	Br 2.19	Kr 2.12
Rb 2.40	Sr 2.79	Y 2.74	Zr 2.68	Nb 2.51	Mo 2.44	Tc 2.41	Ru 2.37	Rh 2.33	Pd 2.15	Ag 2.25	Cd 2.38	In 2.46	Sn 2.48	Sb 2.46	Te 2.42	I 2.38	Xe 2.32
Cs 2.49	Ba 2.93	Lu 2.70	Hf 2.64	Ta 2.58	W 2.53	Re 2.49	Os 2.44	Ir 2.33	Pt 2.30	Au 2.26	Hg 2.29	Tl 2.42	Pb 2.49	Bi 2.50	Po 2.50	At 2.47	Rn 2.43
Fr 2.58	Ra 2.92																

	La 2.84	Ce 2.82	Pr 2.86	Nd 2.84	Pm 2.83	Sm 2.80	Eu 2.80	Gd 2.77	Tb 2.76	Dy 2.75	Ho 2.73	Er 2.72	Tm 2.71	Yb 2.77
7	Ac 2.93	Th 2.89	Pa 2.85	U 2.83	Np 2.80	Pu 2.78	Am 2.76	Cm 2.64						

図 1-6 原子の大きさ（単位は Å）（文献[4]より改写）

うか。宇宙は 138 億年前に誕生したといわれているが，もし 138 億光年より遠いところを見る手段があったとしても，それより先には宇宙そのものが存在していない，つまり 138 億光年の距離が「宇宙の果て」と考えられている。1 光年 $= 9.461 \times 10^{12}$ km つまり 約 9 兆 5000 億 km で，138 億光年 $= 1.38 \times 10^{10}$ 光年なので，宇宙の大きさは単純計算によると 1.3×10^{23} km $= 1.3 \times 10^{26}$ m となる。

　宇宙の大きさを水素原子の大きさ（約 0.15 nm）と比較すると，10^{36}（10 の 36 乗）倍も大きいことになる。

【1-4】 地球を支える大気 ―空気―

　地球の大気は空気からなり，それが地球の周りを絶え間なく大きく循環している。大気の流れ，つまり偏西風や貿易風の動きは，地球の気候にも大きな影響を与えている。空気には，窒素，酸素，二酸化炭素，水蒸気など様々な成分が含まれている（**表 1-2**）。この表では海抜付近の乾燥空気の組成を示しているが，実際の空気には常に水蒸気が 0〜4％含まれ，場所や季節によって空気中の水蒸気を含めて他の成分にも 3％程度の差がある。また，この成分は上空にいくに従って希薄になり，成分濃度も異なる。空気のようにいくつもの成分が同時に存在するものを**混合物**という。

　空気を作っているいくつかの成分とその分子のおおまかな形（**図 1-7**）を見てみると，窒素 N_2 や酸素 O_2 は 1 種類の同じ元素の原子どうしが結合してできた**単体**で，二酸化炭素 CO_2 や水 H_2O は異なる種類の元素の原子どうしが結合してできた**化合物**であることがわかる。このように，物質が 1 種類の元素でできているものを単体といい，2 種類以上の元素

表 1-2 空気の化学組成
（文献[5]より）

気体	化学式	体積パーセント(%)
窒素	N_2	78.084
酸素	O_2	20.946
アルゴン	Ar	0.934
二酸化炭素	CO_2	〜 0.04
ネオン	Ne	0.001818
ヘリウム	He	0.000524
メタン	CH_4	0.000187
クリプトン	Kr	0.000114
水素	H_2	0.00005
キセノン	Xe	0.0000087
オゾン	O_3	0.000007

海抜 0 m，15℃での乾燥空気の平均組成

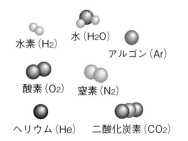

図 1-7　空気中に含まれる成分の
分子の大まかな形

でできているものを化合物と呼んで区別する。また，中にはアルゴン
Ar やヘリウム He のように，1 種類の元素の原子が安定に単体で存在す
るものもある。アルゴンやヘリウムのような物質は**単原子分子**と呼ばれ，
単体・化合物を問わず 2 個以上の原子を含む分子は多原子分子と呼ばれ
る（**図 1-8**）。

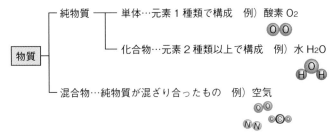

図 1-8　物質の分類

表 1-3　同素体の例

元素名	元素記号	単体名
硫黄	S	斜方硫黄，単斜硫黄，ゴム状硫黄
炭素	C	ダイヤモンド，黒鉛，フラーレン
酸素	O	酸素，オゾン
リン	P	赤リン，黄リン

　図 1-9 が示すように高度 100 km くらいが空気の存在の限界で，仮想
的な宇宙と大気の境目は**カーマンライン**と呼ばれている。また，成層圏
と呼ばれる大気の領域（約 10 ～ 50 km 上空）の中に，**オゾン層**が存在す
る（12-1-2 項）。オゾン層を形成している**オゾン O$_3$** は，酸素原子が二
等辺三角形状に 3 つ連なった分子でこれも単体である。また，後述の**ダ
イヤモンド**や**黒鉛**は炭素の単体である。このように，同じ元素からなる
単体ではあるが，原子の配列や結合の仕方が違うため異なった性質を示
すものを互いに**同素体**と呼ぶ。同素体の例は**表 1-3** のとおりである。

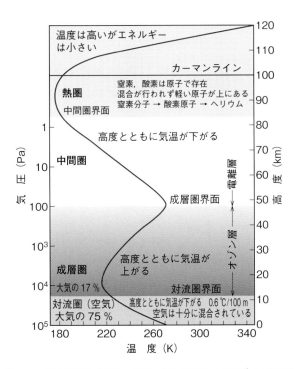

図 1-9　大気の構造（高度と温度，気圧の関係；文献[6] より改写）

【1-5】　気体の圧力

　気体の存在や，その存在の仕方によって異なる圧力が生まれる。「圧力鍋」を利用するとその高い温度と高い圧力によって短時間で調理が完了し，味も良くなることが多い（第5章コラム）。圧力鍋の高い圧力は，水が気体になったときの蒸気による圧力つまり**蒸気圧**が原因である。また，地球の大気が地球の重力に引き寄せられることによる圧力は**大気圧**として知られる。

　ここではまず気体と液体の**平衡関係**と蒸気圧の関係を見てみよう。**図1-10**に**気液平衡**と**飽和蒸気圧**の関係をイメージ化したものを示した。密閉された真空の容器の中に，液体（例えば純水）を入れて静置すると，液体の表面から気体に変化する**蒸発**が始まり，気体は動的に動きまた液体に戻る**凝縮**も同時に起こるようになる。しばらく経つと，この液体と気体の境目（**気液界面**ともいう）で，液体と気体の分子の出入りが釣り合った状態となる。これを**気液平衡**状態と呼ぶ。このとき蒸気がもたらす気相の圧力を**飽和蒸気圧**という。

　飽和蒸気圧は温度によって変化し，その値は物質によって異なっている。気体の分子は温度が高くなればなるほど激しく運動する性質があることから，**図1-11**が示すように温度とともに飽和蒸気圧は大きくなる。この図の各曲線は，Aはジエチルエーテル，Bはエタノール，Cは水の飽和蒸気圧を示している。より低い温度で高い蒸気圧を示す場合，その物質は**揮発性**であるという。ジエチルエーテルは典型的な揮発性の物質である。また，併せてこの図から各物質の**沸点**を知ることもできる。

　沸騰という現象は，液体の内部からも液体そのものから気体への状態変化が生じることで，液体の表面で生じる一般的な蒸発とは異なる現象として取り扱う。また，閉鎖系の密閉容器内では沸騰は生じず，開放系

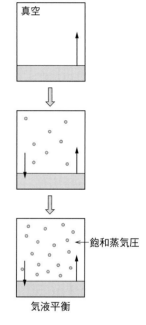

図 1-10　閉鎖系（密閉容器）における気液平衡と飽和蒸気圧

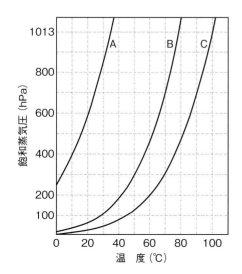

図 1-11　三種類の物質の飽和蒸気圧曲線
A：ジエチルエーテル，
B：エタノール，C：水

🌀 **標準大気圧**

かつては1気圧＝1atmという単位が使われていたが，現在では圧力の単位として国際単位系（SI；2-5-2項の側注参照）のPaが使われている。hPa（ヘクトパスカル）は天気予報などでおなじみであろう。

でのみ生じる。開放系では常に大気が外からの圧（外圧＝1013hPa，標準大気圧）として液体表面を押し続け，その外圧と水の蒸気圧（＝1013hPa）が等しくなった際に沸騰が生じる（**図1-12**）。

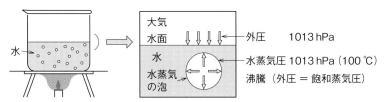

図1-12　沸騰が液体内部から起こる仕組み

　図1-11のC線で，大気圧＝蒸気圧が1013hPa（ヘクトパスカル）のときの曲線が示す温度を読めば約100℃となり，これが標準大気圧のときの水の沸点といえる。同様に他の二つの物質についても1013hPaのときの沸点を知ることができる。一方，高山で飯盒炊飯をすると，おいしく米が炊けないことがある。これは，高山など標高の高いところでは大気圧が標準の大気圧よりも低くなるため，沸点が下がるからである。

　次に実際に大気が持っている圧力（大気圧）がどれくらいか，大気に存在している空気の存在から考えてみよう。空気は透明で目では見えないが，その空気の成分によって大気の圧力がもたらされている。大気圏の厚さはほぼ100kmであり，そこには表1-2で示したような様々な元素の分子が存在している。これらが地球の中心に向かった重力を受けるため，海抜0mに近いほど高い大気圧を受けることになる[4]（**図1-13**）。

*4　ちなみに標高100kmにおける気圧は地表面の百万分の1ほどにもなり，ほとんど大気による圧力はないといってもよい。

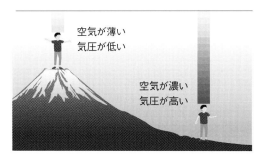

図1-13　大気の重さ

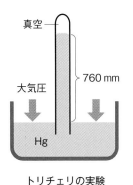

トリチェリの実験

*5　mmHgは「ミリメートル水銀柱」と読む。

　さて，実際の空気の重さは天秤にかけて測定することができないが，トリチェリの実験によってその大きさを数値で表すことができる。左の図のように，長いガラス管の一端を封じて水銀の入った容器を使ってその中に水銀（液体）を入れ，封じた方を上にして垂直に立てる。そうすると大気圧によって水銀の液面が押されるため，いくら水銀の液が重力に引き寄せられても，その大きさが大気圧とバランスして，液面が760mmの高さまで持ち上げられる。この高さが大気圧を760mmHgと表す[5]由来となっている。この水銀柱の高さから大気圧の大きさを求め

てみよう。

ただし，

水銀の密度	：ρ (g/cm^3) $= 13.6$ または $1000\,\rho = 13600$ (kg/m^3)
水銀柱の高さ	：h (cm) $= 76$ または $10^{-2}\,h = 0.76$ (m)
大気圧	：P_0 (Pa)
水銀柱の作る圧力	：P (Pa)
管の断面積	：S (cm^2) または $10^{-4}\,S$ (m^2)
水銀柱の体積	：V (cm^3) $= S \cdot h$ または $10^{-6}\,S \cdot h$ (m^3)
重力加速度	：g (m/s^2) $= 9.8$

とする。

物体が受ける重力は，質量 (kg) × 重力加速度 (m/s^2) で計算され，圧力は単位面積あたりの力なので，水銀柱が作る圧力 P は，水銀柱に加わる重力を断面積 S（m^2 に換算する）で割るとよいため $P = \rho S h g / S = \rho g h$ となる。

この水銀柱が作る圧力 P が大気圧 P_0 と等しいとおくと，$P_0 = P = \rho g h$ を得る。水銀柱の高さ（m に換算する）を入力すると，

$$P_0 = 13600\ (\text{kg/m}^3) \times 9.8\ (\text{m/s}^2) \times 0.76\ (\text{m}) = 1.013 \times 10^5\ (\text{Pa})$$

となり，標準大気圧の値は 1013 hPa となる。h（ヘクト）は 100 の意味である（表 2-1 参照）。

【1-6】 気体の状態方程式

気体には，圧力をかけると体積が小さくなる性質があり，この現象は圧力を P，温度を T，体積を V とすると次の式に従う。

$$\frac{PV}{T} = 一定$$

体積と圧力が反比例の関係（図 1-14）になり，これを**ボイルの法則**と呼ぶ。

また，温度が上がることにより原子や分子が激しく動き，空気が膨張して体積が増えるという性質があり，その現象は次の式に従う。

$$\frac{V}{T} = 一定$$

圧力が一定の場合，温度と体積が比例関係（図 1-15）になり，これを**シャルルの法則**と呼ぶ。

この二つを合わせると**ボイル-シャルルの法則**または**気体の状態方程式**を導くことができ，一般的に次のように n（物質量，単位は mol）で表すことができる。R は気体定数で，$R = 8.31$ [J/(K・mol)] の値を持つ。いかなる温度，圧力でもこの式に従う実在の気体は存在しないため，この式に従う仮想的な気体を**理想気体**と呼んでいる。しかし，一般的な室温や大気圧下ではおおむねこの式に従うことから，この関係式を知っ

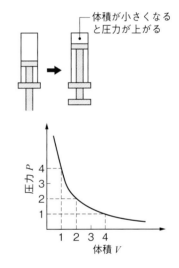

図 1-14　ボイルの法則のイメージ図と P と V の反比例の関係

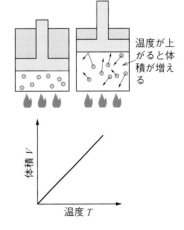

図 1-15　シャルルの法則のイメージ図と V と T の比例の関係

ておくと便利である。

$$PV = nRT \text{（気体の状態方程式，} P : \text{圧力，} V : \text{体積，} n : \text{物質量，}}$$
$$R : \text{気体定数，} T : \text{絶対温度}[6])$$

*6　熱力学温度とも呼ばれる。

例題 1-1　地球上の希少で貴重な物質をいくつかあげ，それらはリサイクル可能かどうか，枯渇する可能性があるかどうか考えてみよう。

例題 1-2　身の回りにある純物質や混合物の例をいくつかあげてみよう。

例題 1-3　単体で単原子分子のものと単体で多原子分子のもの，また化合物で多原子分子のものの例をさがしてみよう。

例題 1-4　高山 A（標高 3200 m）で水を沸かすと約何 ℃ で沸騰するか，図 1-11 を見て答えよ。ただし，標高と大気圧の関係は次の表のとおりである。

表　標高と気圧および気温の関係

標高 (m)	気圧 (hPa)	気温 (℃)	標高 (m)	気圧 (hPa)	気温 (℃)	標高 (m)	気圧 (hPa)	気温 (℃)
0	1013	25	1400	861	17	2800	729	8
200	990	24	1600	841	15	3000	711	7
400	968	23	1800	821	14	3200	694	6
600	946	21	2000	802	13	3400	678	5
800	924	20	2200	783	12	3600	661	3
1000	903	19	2400	765	11	3800	645	2
1200	882	18	2600	747	9	4000	629	1

例題 1-5　高山に登るとポテトチップスなどのスナック菓子の袋が膨らむ現象について，気体の状態方程式の観点で説明してみよう。航空機に地表から菓子袋を持参したとき，航空機中の大気圧が地表に比べて 30 % 低くなったとすると，菓子袋の体積はどれくらいになるか見積もってみよう。

●文献・サイト

1) Science Window，2010 年 4 月増刊号
   https://www.jstage.jst.go.jp/article/sciencewindow/4/2/4_20100402/_pdf/-char/ja
2) 西村雅吉『環境化学（改訂版）』裳華房（1988）
3) アヒマディ博士のジュエリー講座 vol.2 －宝石の科学 宝石の誕生とその成因－
   https://www.gstv.jp/gem-koza_expert/dem_science.html?media=pc
4) M. Rahm, R. Hoffmann and N. W. Ashcroft：Atomic and ionic radii of elements. *Chem. Eur. J.*, **22**, 14625-14632（2016）
5) A. N. Cox (ed.)：Allen's Astrophysical Quantities (4th ed.). AIP Press（2000）
6) ガスの科学　第 23 回　理想気体の科学（3）大気と空気 ② 大気の構造
   http://www.pupukids.com/jp/gas/02/023.html

第1章で触れた大気はとても身近な存在で，その物理的・化学的な現象が地球の様々な気候にも影響している。本章では大気と同様にとても身近な物質である水について学習する。水は飲料品や料理，入浴や洗濯，トイレなどでもたくさん使われていて，地球環境にも生命体にも欠かせない。水の分子は H_2O と表現され，水素原子2つと酸素原子1つで構成されている。

ここでは，水や水溶液を中心に様々な分子の化学的な性質を理解するため，化学物質を構成する原子の仕組みや，原子の中の電子によって作られる化学結合についても紹介する。さらに物質量（モル）を用いた水に溶けた成分濃度の取り扱い方と，それに合わせて，物質の水への溶解現象についても学ぶ。

【2-1】 大きな数値と小さな数値

図 2-1 に地球上に存在する水の量と，その中の淡水の割合，さらに表層にある河川や湖沼などに存在する淡水の割合を示した。横には小さいはずの水分子をイメージ図で示した。大きい数値の例として，地球上の水全体の量（約 13.51 億 km^3）を考え，これを指数で表現してみよう。例えば，ここでは立方キロメートル km^3（$1 km^3$ は一辺が $1 km$ の立方体）がイメージしにくいため，これを m^3 に直してみる。参考のため表 2-1 に，kg（キログラム）の k（キロ）や，GB（ギガバイト）の G（ギガ）のように単位の前におかれる，数値の大きさを補助的に示す**接頭語**（または**補助単位**）を示す。k（キロ）は 10^3 のことなので，それを立方（3乗）すると 10^9 になり，$1 km^3 = 10^9 m^3$ となる。また，$1 億 = 100,000,000 = 10^8$ であるので，$13.51 億 km^3 = 13.51 \times 10^8 \times 10^9 m^3 \fallingdotseq 1.35 \times 10^{18} m^3$ となる。

それでは，原子1個の大きさを m（メートル）で表すとどうなるだろ

表 2-1　接頭語（補助単位）

記号	読み方	乗数	
T	テラ	10^{12}	1,000,000,000,000
G	ギガ	10^9	1,000,000,000
M	メガ	10^6	1,000,000
k	キロ	10^3	1,000
h	ヘクト	10^2	100
			1
m	ミリ	10^{-3}	0.001
μ	マイクロ	10^{-6}	0.000001
n	ナノ	10^{-9}	0.000000001

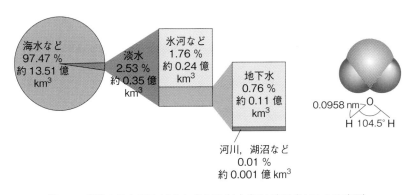

図 2-1　地球上の水の量（左）と水分子（右）（国土交通省 HP より改写）

うか。例えば, 酸素原子 1 個の大きさは約 1 Å (オングストローム) = 0.1 nm である。n (ナノ) は 10^{-9} なので, 0.1 nm = 1×10^{-10} m となる。

よく使われる割合や濃度を示す単位に, パーセント (%) がある。% の意味は百分率つまり 100 分のいくつ (parts per cent) である。しかし, % では表しきれないほど, もっと薄い溶液も存在するので, その濃度を示す場合に, 百万分率 ppm (parts per million) や十億分率 ppb (parts per billion) を使う。指数で表すと,

1 % = 10^{-2}, 1 ppm = 10^{-6}, 1 ppb = 10^{-9}　となる。

【2-2】 化学の単位 ―物質量 mol―

様々なものの数や量を示すにあたって, いろいろな単位がある。情報量を示す B (バイト), 石油の量を示すバレル, 食品の摂取カロリーなどを示す kcal (キロカロリー), などなど。化学の世界では mol (モル) という単位を使う。これは物質量の単位であり, ある決まった数 (**アボガドロ数 = 6.02×10^{23} 個**) の粒子が集まるとそれが 1 mol 分になる。鉛筆やジュースなどを 1 ダース (12 本) で数えるのと考え方は似ている。この数を規定するのにもともとは質量数が 12 の炭素 ^{12}C が基準となった。^{12}C が仮に正確に 12.0 g 存在すれば, その中にアボガドロ数分つまり 6.02×10^{23} 個の炭素原子が存在する, という意味になる。

この単位は化学実験を扱うものにとっては便利で感覚的にわかりやすい。どの元素においても, 我々が「重さ」として感じることができる g (グラム) のスケールで物質を扱うことができるからである。各元素 1 mol あたりの質量のことを**原子量**と呼んでいる。ただし, 元素には天然に**安定同位体**をもつものもあるので, その同位体の相対質量に存在比を掛けた平均値で, 原子量が求められている。

【2-3】 原子の中の電子

分子やイオンの中の原子も含めて, 原子と原子がつながっている部分を一般的に**結合**または**化学結合**と呼んでいる。多くの場合, 結合の正体は**電子**であるといっても過言ではなく, **各原子の持っている電子の数や配置の仕方が様々な物質を形づくる結合の形成に大きく影響している**。ここでは原子の中の電子についてもう少し詳しくみてみよう。

第 1 章の図 1-4 でもふれたように, 元素の原子番号はその中にある陽子の数と電子の数に等しく, その原子のもつ実際の電子は図 1-5 のような各軌道に存在する (1-3 節)。では**図 2-2** の左のようなボーア型の電子配置で示される K 殻, L 殻, M 殻の電子は, 1 s, 2 s, 2 p などどの軌道に分布しているのだろうか。**図 2-2** 右に, K 殻, L 殻などの電子が実

◉ ジュール

現在, 正式には熱の単位として J (ジュール) が使われるようになっている。1 cal は約 4.2 J である (5-1 節)。

◉ アボガドロ定数

現在では別の基準から, アボガドロ定数 (アボガドロ数/mol) は絶対的な定義値 (あいまいさのない値) となっている。

◉ 安定同位体と放射性同位体

同位体には, 安定に存在する安定同位体と, 不安定な放射性同位体がある。

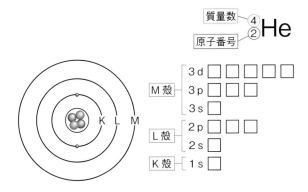

図 2-2　ボーア型の電子配置（左）と殻に対応する電子軌道（M 殻まで）

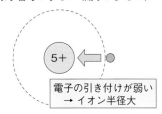

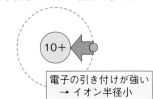

図 2-3　原子核の大きさとクーロン力の関係

クーロン力とは二つの荷電粒子間にはたらく力のことで、この力によって同じ電荷なら反発し合い、異なる電荷なら引き合うことになる。

*1　元素の陽子数、電子数はその元素の原子番号に等しい。

*2　電荷の＋は英語では positive、－は negative なので、カタカナでプラス・マイナスと書くのは厳密にいうと正確ではないが、日常的なイメージとしてとらえやすいので本書ではそのように表現する。

😈 ラジカル

不対電子を持つ分子種をラジカルといい、不安定で反応性が高く、生体内で様々な作用を引き起こすことが知られている。

際には s, p, d などの軌道へどう分布するかの関係を示した。軌道の数値番号については、K が 1、L が 2、M が 3 に相当する。この数値は**主量子数**とも呼ばれ、各数値において s 軌道（球形の電子軌道）は必ず存在し、L 殻以降には p 軌道など電子の入る軌道の種類が増える。図が示すように、1s 軌道、2s 軌道、2p 軌道の順に電子は原子核から離れ、エネルギー的により不安定になる。

　元素の原子番号が増えるにつれて電子の数が増えるが[*1]、同じ元素の電子であっても、その安定性はどの軌道に入っているかによって異なっている。原子の中心にある核には陽子が入っているため、原子核自体はプラスに帯電している[*2]。原子番号が大きいほど原子核の中にある陽子の数が多いので、マイナスの電荷を持つ電子を強く引き寄せる力をもつ（**図 2-3**）。また、いずれの原子においても核から近い電子（s 軌道の電子など）ほど安定で、遠い外側の電子ほど不安定となるので外部からの影響を受けやすくなる。そのような外側の不安定な電子は、熱、紫外線、他の原子などの影響を受け、イオンやラジカルになったり、安定な状態に落ち着くために化学結合を作ったりすることに関与する。また、**図 2-4** に電子が 2 個 p 軌道と d 軌道に反対の矢印で書かれている理由は次のようである。電子はそもそも自転（スピン）をするマイナスの電荷を帯びた粒子なので互いに反発し合う。2 つ電子があるときは、その自転（スピン）の向きが逆の電子どうしは互いに反発を弱められるため、1 つの軌道に入ることができるからである。

　各軌道の立体的な構造などから、殻から遠い半端な数の電子は同じ自

p 軌道に電子が 4 つ入る場合

d 軌道に電子が 7 つ入る場合

図 2-4　p 軌道と d 軌道に電子が分散して入る様子

転（スピン）の向きで p 軌道や d 軌道に 1 つずつ入る方が安定化する。**図 2-4** には，p 軌道に電子が 4 個入る場合と，d 軌道に電子が 7 個入る場合の例を示した。

　電子のエネルギー準位と電子配置をより広い範囲で理解してみよう。各電子の軌道は異なるエネルギー（安定性）を示し，低いものから高いものまである。それを高さで示したのが**図 2-5** である。ここで各軌道の電子のエネルギーの準位は単純に高さで示されている。図の右下の赤い矢印に示したように，$1s \rightarrow 2s \rightarrow 2p \rightarrow 3s \rightarrow 3p \rightarrow 4s \rightarrow 3d \rightarrow 4p \rightarrow 5s \rightarrow 4d \rightarrow 5p \rightarrow 6s \rightarrow 4f \rightarrow 5d \rightarrow 6p \rightarrow 7s \rightarrow 5f$ の順に，原子の持っているすべての電子は軌道に応じて異なるエネルギーを示すことになる。

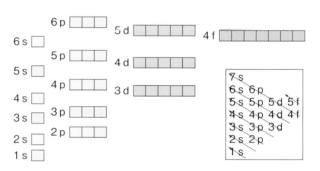

図 2-5　電子軌道のエネルギー準位と電子配置

【2-4】 代表的な化学結合

　原子をつなげる結合（または化学結合）としては，イオン結合，共有結合，金属結合の三つが代表的である。**貴ガス元素**[*3] は最外殻軌道まで電子で満たされているために安定である。反対に貴ガスでない元素は，最外殻など原子核から遠い原子軌道が電子で満たされていないため不安定といえる。ほとんどの元素において，この不安定さが結合を作る原因と理解してよい。また結合の仕方や原子やイオンの組み合わせについては，**表 2-2** に示すような価電子の数で説明できることも多い。

*3　希ガス元素とも表記される。

表 2-2　代表的な元素の最外殻電子と価電子数の関係

	1 族	2 族	13 族	14 族	15 族	16 族	17 族	18 族
第 1 周期	H							He
第 2 周期	Li	Be	B	C	N	O	F	Ne
第 3 周期	Na	Mg	Al	Si	P	S	Cl	Ar
第 4 周期	K	Ca						
最外殻電子	1	2	3	4	5	6	7	8
価電子	1	2	3	4	5	6	7	0

2-4-1 イオン結合

　イオン結合は，基本的に電子を失いやすい性質をもつ**陽性元素**と，電子を受け取りやすい**陰性元素**によって形成される[*4]。例えば塩化ナトリウム NaCl を例にすると，ナトリウム Na の電子配置は $1s^2\,2s^2\,2p^6\,3s^1$ である。最外殻に電子が 1 個だけ存在するため，中性の原子の状態は不安定であるといえる。金属ナトリウムが水分などと激しく反応する原因も，この不安定な状態を回避して安定になろうとするからである。ナトリウムは最外殻の 1 個の電子を放てばネオン Ne の電子配置となった**陽イオン**となり安定化する（**図 2-6 上**）。リチウム Li やナトリウムなど 1 族の元素[*5]は電子を放ちやすい典型的な陽性元素である。

$$Na \longrightarrow Na^+ + e^-$$

　一方，塩素 Cl は $1s^2\,2s^2\,2p^6\,3s^2\,3p^5$ の電子配置を持ち，電子を 1 つ受け取ればアルゴン Ar の電子配置を持った**陰イオン**となり安定化する（**図 2-6 下**）。塩素などの**ハロゲン族**の元素は電子を受け取りやすい性質の陰性元素である。

$$Cl + e^- \longrightarrow Cl^-$$

　このように陽性元素からできた陽イオンはプラスの電荷を，陰性元素からできた陰イオンはマイナスの電荷をそれぞれ持つため，互いの間には静電的に引き合う力（クーロン力）が発生し結合を形成する。これがイオン結合の原理となっている。しかし $Na^+ + Cl^- \rightarrow NaCl$ で表される化学反応で生成する塩化ナトリウムは，実際には**図 2-7** のように規則正しく原子が並んだ結晶を構成する。このとき数多くのナトリウム原子と塩素原子が互いに隣り合わせになって立方体を形成している。塩化ナトリウムは NaCl と化学式で示されるが，実際は結晶の単位構造を示すに過ぎない。塩化ナトリウムは分子ではなくイオン性の結晶であり，その化学式から求められる単位構造 1 mol あたりの質量は，分子量でなく単位構造の質量を示す**式量**と呼ばれる。他のイオン性結晶も同様である。

　イオン結合を形成する場合，もともとのイオンの原子軌道はほとんど影響を受け合わないことがわかっている。言いかえると，塩化ナトリウムなどのように陽イオンと陰イオンが最隣接でつながった結晶の場合，陽イオンと陰イオンの距離はそれぞれのイオン半径の和となる。

2-4-2 共有結合

　共有結合は一般的に電気的陰性元素どうしが結び付いて作られる。例えば水素分子 H_2 やフッ素分子 F_2 のように，同じ 2 つの原子の最外殻の電子どうしを共有して共有結合を形成するものや，水素と塩素，炭素と酸素など，異なる元素どうしの原子が互いに電子を共有して共有結合性の分子を作るものがある。これらの結合が作られるとき，電子配置は貴

[*4]　陽性元素は電気的陽性元素，陰性元素は電気的陰性元素とも呼ばれる。

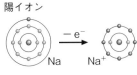

陽イオン

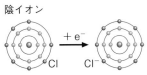

陰イオン

図 2-6　陽イオンと陰イオンの形成過程

[*5]　水素以外の 1 族元素は**アルカリ金属元素**と呼ばれる。

NaCl

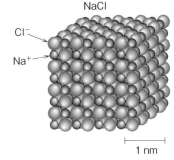

Cl^-
Na^+

1 nm

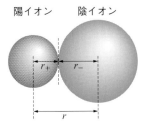

陽イオン　　陰イオン

r_+　　r_-

r

r：両イオン間最短距離（実測値）
r_+：陽イオン半径（計算値）
r_-：陰イオン半径（計算値）

図 2-7　塩化ナトリウムの結晶（©NASA）と陽イオンと陰イオンのイオン間距離

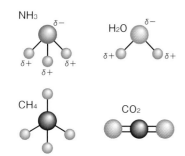

図 2-8　極性分子（上）と非極性
　　　　分子（下）の例

表 2-3　電子式で表される共有結合の例

名称	水素	窒素	二酸化炭素	メタン	塩化水素	水	アンモニア
分子式	H₂	N₂	CO₂	CH₄	HCl	H₂O	NH₃
電子式	H:H	:N⋮⋮N:	Ö::C::Ö	H:C̈:H (with H above and below)	H:C̈l:	H:Ö:H	H:N̈:H (with H below)
構造式	単結合　H–H	三重結合　N≡N	二重結合　O=C=O	H–C–H (with H above and below)	H–Cl	H–O–H	H–N–H (with H below)

*6　そのわずかなマイナス電荷は
δ−，わずかなプラス電荷は δ+ と
いう記号で表される（δ はデルタと
読む）。

ガスと同じ構造となりエネルギー的にも安定化する。**表 2-3** のように
最外殻の電子を点（・）で表す**電子式**（または**ルイス構造**ともいう）で示
すと電子の共有の仕方が理解しやすい。しかし電子式では**図 2-8** のよ
うな分子の結合角は表せない。分子によってはその結合の特性に応じて
立体的な構造を持つことがある。

　HCl や H₂O など，異なる原子どうしで作られる共有結合においては，
たいていどちらかの原子の方に電子の分布（電子密度）が偏る。この現
象を**分極**といい，分子が**極性**を帯びているともいう*6。このような分子
の極性は水が示す特異な性質の大きな原因となっている。また，物質の
極性はある物質（液体）が他の物質を溶解するかどうか，他の物質とど
う反応するか，などにも関わっている。ただし CH₄ や CO₂ のように，
結合そのものに電子分布（電荷）の偏りがあっても，分子構造の対称性
によって，分子全体でみると極性が相殺され非極性分子となるものもあ
る（**図 2-8**）。

　実際の結合においては，異なる元素同士の**電気陰性度**の違いによって，
イオン結合性と共有結合性のどちらの性質もある程度ずつ有する物質が
多く存在する。**図 2-9** はポーリングの示した電気陰性度とイオン結合
性の関係を数式に従って示したもので，**図 2-10** には共有結合とイオン
結合の中間的な結合を有するものの例などを示した。

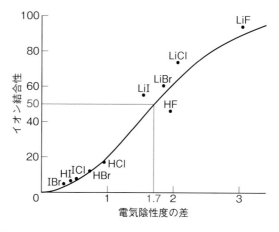

図 2-9　ポーリングの示した電気陰性度とイオン結合性の関係

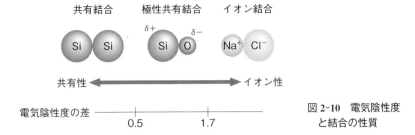

図 2-10 電気陰性度
と結合の性質

2-4-3 金属結合

　固体の金属は，陽イオンが数多く規則正しく配列して結晶構造を作っている。その間には電子が介在して**金属結合**ができる。金属結合に関与する電子は特定の金属イオン（正の電荷を持つ）にとどまることなく自由に移動でき，**自由電子**と呼ばれる。**図 2-11** のように電子の海に金属イオンが規則正しく並んでいる，または規則正しく並んだ金属元素の周りを電子が川のように流れているイメージで説明されることもある。このような金属の自由電子の存在は，金属の様々な性質，例えば電気を通しやすい性質（**導電性**）や，熱を通しやすい性質，機械的に広がりやすい**展性**や，延びやすい**延性**の原因となっている（**図 2-12**）。

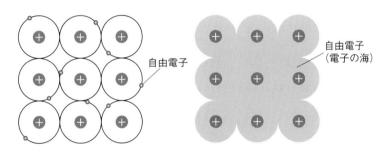

図 2-11　自由電子の動き

図 2-12　金属の展性の例
上：金箔（© 石川県観光連盟），
下：アルミ箔

　二種類以上の金属元素を混ぜ合わせて作られたものを**合金**という。100 円玉硬貨などが合金の例である。合金においても低温ではできるだけ各金属のイオンが規則正しく並んだ結晶性をとろうとし，自由電子の存在によって単体の金属と同様に展性や延性を示す。

2-4-4　その他の結合

1）配位結合

　片方の原子からのみ電子つまり**非共有電子対**を他の原子に供与して新しい分子やイオンを形成するのが**配位結合**である。例えばアンモニウムイオン NH_4^+ では，アンモニア分子に水素イオンが近づいて配位結合が形成される（右上図）。ただし実際には，右中図のような立体的な構造となる。アンモニウムイオンは，右下図のように配位結合を矢印 → で示すこともある。形成されたアンモニウムイオンにおける四つの結合は

すでに共有結合と同じで，どれがもとの非共有電子対由来のものかの区別はできなくなる。金属イオンと分子やイオン（配位子）が近づいて，**図 2-13** のような金属錯体を形成することもある。

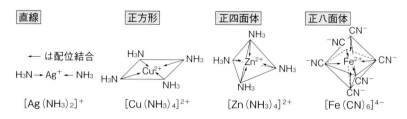

直線	正方形	正四面体	正八面体

←は配位結合

$[Ag(NH_3)_2]^+$ 　　$[Cu(NH_3)_4]^{2+}$ 　　$[Zn(NH_3)_4]^{2+}$ 　　$[Fe(CN)_6]^{4-}$

図 2-13　配位結合による錯体の例

2）ファンデルワールス力と水素結合 ―分子間力―

分子と分子の間にはたらく相互作用（力）の代表的な例に**ファンデルワールス力**と**水素結合**がある。ファンデルワールス力は，共有結合性の分子どうしがゆるくまとまろうとする相互作用で，プラスの電荷をもった原子核がその原子半径よりも遠くに存在する電子に対して働く引力である。ベンゼンの結晶，ヨウ素の結晶，ドライアイス（二酸化炭素の固体）もこの力で結び付き合っている。

水素結合は，**図 2-14** に示すように，電気陰性度の特に大きい原子（酸素 O や窒素 N など）に結合している水素が，近くにある非共有電子対と結合を作る。ファンデルワールス力よりは強いが原子間の結合よりは弱い。液体の水のクラスター形成や，アンモニアの水素と隣りのアンモニアの窒素，DNA の二重らせん（3-3-3 項）をつなぎとめる力などが水素結合である。

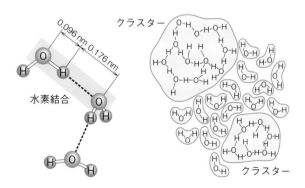

図 2-14　水の水素結合とクラスター

【2-5】　溶解現象と水溶液の濃度

2-5-1　溶解現象

1 成分のある液体（**溶媒**）に別の 1 成分以上の固体，液体または気体のどれか（**溶質**）が原子または分子レベルで均一に溶け合っているもの

を**溶液**という。溶液の中で溶媒と溶質それぞれの成分は，互いに分子間に相互作用を及ぼし合うことが多い。水 H_2O は特に代表的な溶媒であるので，溶液の代表として化学ではよく**水溶液**が登場する。砂糖，食塩，アルコールなど，水は多くの物質をよく溶かす。溶質と水の間に強い相互作用がはたらいて，溶質が水に溶け**溶解**が進行する（**図 2-15**）。しかしベンゼンのような非極性溶媒の場合，例えばナフタレンを溶質としてベンゼン溶液ができるが，溶質−溶媒間の相互作用はほとんどなく互いに均一に混ざり合う。

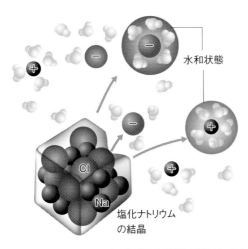

図 2-15　電解質（塩化ナトリウム）が水に溶ける様子のイメージ図

　水溶液においては，溶質−水の相互作用すなわち**水和**が溶解に大きく寄与している。砂糖やエタノールが水に溶ける現象では，水分子の -OH または -H とそれぞれの分子が親和して互いに溶け合うと説明でき，電解質の場合にはイオンが水溶液の中で，水分子に囲まれた状態になり安定化するためと説明できる。水和は水分子が他の分子を引き付ける現象，溶媒の水分子と相互作用して集団を作る現象なので，このような溶解は化学反応とみなされて，**溶解反応**ということもある。
　また，溶け合っている溶液のように見えても，例えば牛乳や墨汁など

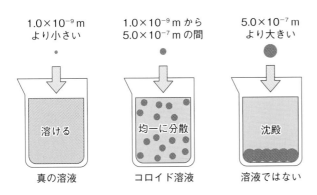

図 2-16　真の溶液とコロイド溶液のサイズ感

のように溶媒に細かい粒子が分散しているものもあり，これらは**コロイ
ド溶液**と呼ばれる。コロイド溶液はミクロに見ると原子や分子レベルで
均一になった混合物ではないので，溶液として扱わない。**図 2-16** のよ
うにコロイドに分散できる粒子にはサイズの幅があり，それ以上大きく
なると分散できず沈殿してしまう。

2-5-2　水溶液の濃度

　水溶液の濃度を表すには，2-1 節で述べたように百分率や百万分率の
他，物質量 mol を使った方法も便利である。特に中和反応などの化学
反応を利用して行う滴定などにおいては，mol/L など 1 L あたりにどれ
くらいのイオンが溶解しているかがわかるものが扱いやすい。

🌐 国際単位系（SI）

世界共通で統一された単位系を国際
単位系（SI）といい，科学の世界で
はこの単位系に準拠することが必要
とされる。国際単位系（SI）では L
の代わりに dm^3 を使うこともある。
教科書では L を使うことが多いが，
論文では mol/L の代わりに mol・
dm^{-3} などが用いられる。

$$\text{重量百分率 (wt \%)} = \frac{\text{溶質の重量 (g)}}{\text{溶液の重量 (g)}} \times 100$$

$$\text{体積百分率 (vol \%)} = \frac{\text{溶質の体積 (mL)}}{\text{溶液の体積 (mL)}} \times 100$$

$$\text{百万分率 (ppm)} = \frac{\text{溶質の重量 (g)}}{\text{溶液の重量 (g)}} \times 10^6$$

$$\text{または}\quad \frac{\text{溶質の体積 (mL)}}{\text{溶液の体積 (mL)}} \times 10^6$$

$$\text{モル分率 (─)} = \frac{\text{溶質の物質量 (mol)}}{\text{溶媒の物質量 (mol)} + \text{溶質の物質量 (mol)}}$$

$$\text{モル濃度 (mol/L)} = \frac{\text{溶質の物質量 (mol)}}{\text{溶液の体積 (L)}}$$

　また最近では，大学や高等学校において環境実験もよく行われている。
水道局や市の環境課などにおいては，実際に定期的に水質や大気の状況
を把握するため，環境計測がよく行われており，水の硬度や COD[*7]，
大気中の CO_2 濃度を ppm などの単位で計測している（**表 2-4**）。水の硬
度は，水中に含まれているカルシウムとマグネシウムの濃度を ppm（ま
たは mg/L）で求め，それぞれを炭酸カルシウムの濃度に換算して示す
ものであり，水質だけでなく，酒や醬油などの仕込み水の評価にも使わ
れている。

*7　COD とは化学的酸素要求量の
ことで，代表的な水質の指標の一つ
である。

　　硬度（アメリカ硬度）＝ カルシウム濃度（mg/L）× 2.5
　　　　　　＋ マグネシウム濃度（mg/L）× 4.1

　希薄な水溶液では百万分率（ppm）が mg/L と等しく扱えるので，水
の硬度は COD においては ppm または mg/L のどちらかで示されてい
る。コンビニなどで購入できるボトル水の成分については 100 mL あた
りの mg で表記されることも多い。

表 2-4　WHO と日本の水の
硬度の分類

	WHO 飲料水水質ガイドライン	日本 （便宜的数値）
軟水	60 mg/L 未満	100 mg/L 以下
中程度 の軟水	60 mg 以上 120 mg/L 未満	101 mg 以上 300 mg/L 以下
硬水	120 mg 以上 180 mg/L 未満	301 mg/L 以上
非常な 硬水	180 mg/L 以上	─

コラム　世界の水事情

　世界の中には，衛生的な飲み水が欲しくても得られない地域がたくさんある。地理的に降水量が少なく河川や地下水が存在しないところや，公害によって水域が汚染されている地域もある。また，海水を淡水化する技術が発達し，淡水化プラントによって飲用水が確保されつつある地域もある。1990 年以前は海水を沸騰させて蒸気を凝縮して水を作る方法が主流であったが，2000 年以降は逆浸透膜に圧力をかけることによって海水中のイオンを除去して真水を得る方法（逆浸透圧法または RO 法という。原理については 3-2-3 項の側注を参照）が主流となっている。2019 年時点での世界の淡水化プラントの数は約 2 万基もあり，北アフリカや中東，中国に多く点在している。現在，世界で海水から製造される淡水の量は 1 日あたり約 1 億 2 千万 m³ にもなる。図では国連の集計により，どの地方で多く海水の淡水化が行われているかがパーセントで示されている。

　しかし世界人口が増え続け，都市化による地下水の枯渇や，化学物質等による水の汚染などが懸念され，さらには気候変動や地球温暖化によって干ばつの地区も増えている。水の確保は地球規模で見るとひとつの大きな課題であり，「安全な水とトイレを世界中に」が SDGs の六つ目の目標になっている。

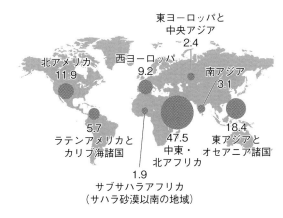

図　世界の淡水化プラントの現状（数値は製造割合のパーセント，2019 年時点）（ReserchGate より改写）

例題 2-1　多くの周期表において，原子番号 17 の塩素 Cl の原子量が 35.5 と書かれている。この数値は，質量数が 35 の塩素 ^{35}Cl の同位体の天然存在比が 75.5 %，質量数 37 の同位体の塩素 ^{37}Cl の天然存在比が 24.5 % であることを用いて求められることを示してみよう。

例題 2-2　純粋なアルミニウム Al 1 mol 分，銅 Cu 1 mol 分の質量はそれぞれいかほどか。

例題 2-3　水の密度を 1.0 g/cm³ として，1 合（180 mL）および 1 升（1800 mL）の水の中には，何 mol の水が含まれているか考えよ。ただし 1 cm³ = 1 mL とする。

例題 2-4　リン P の電子配置を図 2-4 に倣って描いてみよう。

例題 2-5　カルシウム Ca（原子番号 20）の電子配置について，図 2-5 を使って考えてみよう。

例題 2-6　希薄な水溶液では百万分率（ppm）が mg/L と等しく扱えることを示せ。

●文献・サイト

1) 山口佳隆：講座 光と色と物質 －金属錯体の形と色－．化学と教育，**65**(4)，198-201 (2017)

2) academist journal　https://academist-cf.com/journal/?p=4801

3) J. Onoda, M. Ondráček, P. Jelínek and Y. Sugimoto：Electronegativity determination of individual surface atoms by atomic force microscopy．Nature Communications, **4/26**, No.8, 15155 (2017)

4) 「原子量表（2022）」より「元素の同位体組成表」．日本化学会原子量専門委員会
https://www.chemistry.or.jp/know/atom_2022.pdf

5) Atomic Weights and Isotopic Compositions for All Elements．NIST
https://physics.nist.gov/cgi-bin/Compositions/stand_alone.pl/

第 **3** 章　生き物と化学

地球には大気，水，大地などの無機的な環境の他に，様々な種の生物が存在している。生態系が持続的に豊かな地球を支えていくためには，生物の一種である人間が環境と共生していくことが重要と考えられている。この章では，生き物の持つ特有な性質や，環境との共生において大切な化学的な現象について理解を深める基礎を学ぼう。

【3-1】　生きている物とは？

　多くの教科書によると，生物であることの要件として「代謝を行う」，「自己を複製する」，「外界との境界がある」，そして「寿命がある」の四つがあげられている。

　化学的に考えてみると，「代謝を行う」は外界から**糖**などの化学物質を取り入れてエネルギーを生産することを意味する。「自己を複製する」は子孫を残すための活動であり，その活動を通じて体内（細胞内）でたくさんの物質を生産するための化学反応が行われる。「外界との境界」は皮膚や細胞膜・細胞壁を持つことで，その境界は**タンパク質**や**セルロース**などの物質で形成されている。最後の要件の「寿命がある」は死ぬまでに何回細胞が分裂できるかを意味していて，そこにも化学反応が関与している。

　さて，新型コロナウイルスに代表されるような**ウイルス**（**図 3-1**）は，

DNA ウイルス

アデノ　　パポバ
ウイルス　ウイルス

ボックスウイルス

ヘルペスウイルス　バクテリオファージ T₂

RNA ウイルス

ラブドウイルス　オルトミクソ　コロナ
　　　　　　　　ウイルス　　ウイルス

　　　　　　トガウイルス　レオウイルス

　　　　　　　ピコルナ
　　　　　　　ウイルス

タバコモザイクウイルス

パラミクソ
ウイルス

100 nm

図 3-1　ウイルスの種類

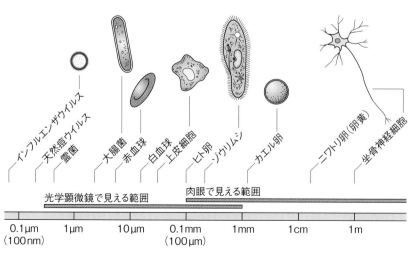

図 3-2　ウイルスと細胞や細菌とのサイズの比較（田村隆明『コア講義 生物学（改訂版）』（裳華房，2022）より転載）

基本的にエネルギーを消費しない，他の細胞に寄生しなければ増殖もできない，細胞構造がない，そしてそのつど宿主細胞を変えるので寿命があるとはいえない。つまり，さきほどの要件四つのすべてにおいて生物とはいいがたい。また大きさについて見てみると，ウイルスは細菌や生きた細胞の数百分の1程度の大きさしかない（**図3-2**）。

【 3-2 】　細胞の中の水溶液の役割

3-2-1　酸と塩基

　生物の特徴のひとつに**恒常性**つまり，大きな変化をせずに一定に保とうとする性質がある。細胞の中は水溶液で満たされているが，その水溶液の**水素イオン濃度**はおおむね一定に保たれている。水素イオン濃度はpHという値で示される。

　pHの定義式はpH $= -\log_{10}[H^+]$で示される。$[H^+]$は水素イオン濃度（mol/L）である。この式の中で，$\log_{10}$を省略して$\log$だけで表すことがあったり，$[H^+]$でなく$[H_3O^+]$で示されたりすることもある。この定義式の背景には，水のイオン電離式が $H_2O \rightleftarrows H^+ + OH^-$ で示されるように，水がイオン電離してプロトンH^+と水酸化物イオンOH^-を形成する現象がある。実際には，矢印の方向は圧倒的に左に偏っていてイオン電離する割合はごくわずかであるが，温度が決まればその割合は一定になる。常温常圧（20 ℃，大気圧下）の場合のイオン電離は，$[H^+] = [OH^-] = 1 \times 10^{-7}$（mol/L）の値を示す。この値を定義式に入れると，常温常圧の中性の水はpH $= 7$を示すことがわかる。

　関連する式を欄外に示す。この関係を図にすると**図3-3**のようになる。また，身近なもののpHを**図3-4**に示した。

$$pH = -\log_{10}[H^+]$$
$$pOH = -\log_{10}[OH^-]$$
$$pH + pOH = 14$$
$$[H^+][OH^-] = 1 \times 10^{-14}$$

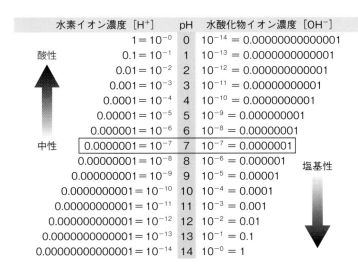

図**3-3**　pHと水素イオン濃度および水酸化物イオン濃度の関係

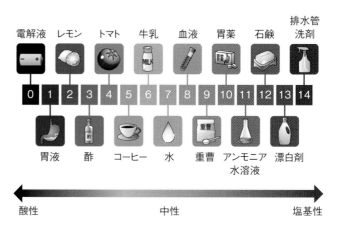

電解液　レモン　トマト　牛乳　　血液　胃薬　石鹸　排水管洗剤

0　1　2　3　4　5　6　7　8　9　10　11　12　13　14

胃液　酢　コーヒー　水　重曹　アンモニア水溶液　漂白剤

酸性　　　　　　　　　　　中性　　　　　　　　　塩基性

図 3-4　身近なものの pH の値（理系のため備忘録 HP より改写）

酸と**塩基**の概念は古くからあり，その二つが生じる**中和反応**は代表的な化学反応といえよう。酸と塩基を理解するためには大きく三通りの概

💮 ブレンステッドの酸と塩基の概念

$$NH_3 + H_2O \longrightarrow NH_4^+ + OH^-$$
$$\underset{H^+}{}$$

H_2O が H^+ を放出し，NH_3 がそれを受け取る。
　H_2O は H^+ を放出する　$\Longrightarrow$　H_2O は酸
　NH_3 は H^+ を受け取る　$\Longrightarrow$　NH_3 は塩基

念がある。その物質が水に溶けたとき，HCl のように水素イオン H^+ を生じるものを酸として NaOH のように水酸化物イオン OH^- を生じるものを塩基とする「アレニウスの概念」が一つ目，H^+ のやり取りに注目して，H^+ を供与するものを酸として H^+ を授与するものを塩基とする「ブレンステッドの概念」が二つ目である。三つ目の「ルイスの概念」は電子対の授受に注目するが，ここでは割愛する。

また塩基による性質のことを**塩基性**あるいは**アルカリ性**という。一般的に塩基性物質のことを総じて「アルカリ」ということもある。

3-2-2　緩衝作用

先ほどふれたように，細胞の中や体内のあちこちで一定の pH を保とうとする作用は，体に含まれている水溶液の成分がもたらす**緩衝作用**による。

ある水溶液に酸または塩基を加えたり，または希釈しようと水を加えたりしても pH が大きく変化しない作用を緩衝作用といい，そのような溶液を**緩衝溶液**と呼ぶ。pH は水素イオンの濃度で決まるため，緩衝作用は水素イオンの濃度を一定に保つ作用ともいえる。生物が外界の pH の影響を受けにくくし，生体内の多様な化学反応を一定の pH 条件下で行えるようにするためには，緩衝作用は大変重要である。その仕組みは，水素イオンの濃度が減少しそうになったときには水素イオンを供与する酸（弱酸 HA）がはたらき，水素イオン濃度が増加しそうになったときには水素イオンを受容する共役塩基（A^-）がはたらくことによる。共役塩基（A^-）は水溶液の中で容易にイオンに解離する（電離する）塩（NaA → Na^+ + A^-）から形成される。

例えば，酢酸 CH₃COOH と酢酸ナトリウム CH₃COONa の混合水溶液は上で述べた機能を示す緩衝溶液になる。酢酸 CH₃COOH は水溶液中で，

$$CH_3COOH \rightleftharpoons CH_3COO^- + H^+$$

の式のように一部が電離して平衡状態となる弱酸である。これに対して酢酸ナトリウム CH₃COONa は完全に電離して，

$$CH_3COONa \longrightarrow CH_3COO^- + Na^+$$

の反応をし，酢酸イオン CH₃COO⁻ が共役塩基となる。この混合溶液に酸（水素イオン，H⁺）が加えられた場合には，

$$CH_3COO^- + H^+ \longrightarrow CH_3COOH$$

となり，水素イオンは酢酸分子の形成に使われる。一方，この混合溶液に塩基を加えると，

$$CH_3COOH + OH^- \longrightarrow CH_3COO^- + H_2O$$

で示される式のように酢酸イオンになるので，水酸化物イオン（OH⁻）も増えない。これが酢酸と酢酸ナトリウム混合水溶液の緩衝作用の原理である。

3-2-3 浸透圧

　ナメクジに塩をかけると小さくなったり，野菜を塩もみすると水が出てきてしぼんだり，梅酒を作ると梅の成分がジワリと溶け出てきたり，などの身近な現象には**浸透圧**が関係している。私たちの体の中の細胞膜もそうであるが，**半透膜**という，溶媒（例えば水分子）しか通過できない小さな穴をたくさん持っている膜の両側に異なる濃度の溶液が共存すると浸透圧が発生する。

　図3-5の左側の容器では，半透膜を介して左側に純水，右側に砂糖を溶かした溶液（スクロース水溶液）を同じ体積ずつ入れている。これを放置すると左側の水分子が移動して，半透膜をすり抜け，濃いものを薄めようとする現象が生じる。そのため，液面高さに違いが生まれる。この高さを元に戻すには右側の水面に圧力をかけるしかない。この圧力が浸透圧に相当する。食塩水でも同じ現象が生じ，膜を用いて海水から淡水を作る**逆浸透圧法**はこの現象を利用している。

🛞 **逆浸透圧法**

濃い水溶液と真水との間に生じる圧力差を相殺するように，海水に高い圧力をかけて水分子だけを膜の反対側に移動させて真水を得ようとするものである（第2章コラム）。

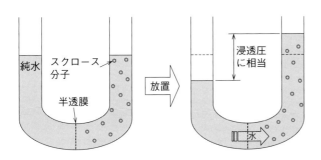

図3-5　浸透圧の原理（スクロース（砂糖）の水溶液を例として）

　　浸透圧は Π（バイ）（単位は Pa）で示すことが多く，次のファントホッフの式でその値を求めることができる。

$$\Pi V = nRT \quad \text{または} \quad \Pi = (n/V)RT = CRT$$

　　ここで，V は体積（L），n は物質量（mol），T は絶対温度（K），R は気体定数で $R = 8.3 \times 10^3$（Pa・L/(K・mol)），C はモル濃度（mol/L）である。ただし溶けている物質の物質量 n（mol）については，電解質の場合には注意が必要で，その塩から生成するイオンの価数分を比例倍して扱う。例えば塩化ナトリウムは $NaCl \rightarrow Na^+ + Cl^-$ のように電離して陽イオンと陰イオンの両方が存在するため，物質量が 2 倍になる。塩化カルシウムの場合には $CaCl_2 \rightarrow Ca^{2+} + 2Cl^-$ となるため，物質量が 3 倍になる。

　　日常生活で浸透圧に関連することといえば，**生理食塩水**がその代表例であろう。例えば猛暑日などに人体の水分が急速に失われた場合，体液バランスを調整するため，0.9 % の塩化ナトリウム水溶液を人工体液（生理食塩水）として体内に補う医療行為が行われる。その理由は，ヒトの血液から血球を除いた成分（血しょう）の浸透圧が 0.9 % 塩化ナトリウム水溶液の浸透圧と等しいからである。実際の浸透圧は電解質のみによるものではなく，血液中に存在するタンパク質や糖なども少なからず寄与しているため，脱水症状がひどい場合には血液中のタンパク質濃度低下により体にむくみが生じることが知られている。

【3-3】　細胞を構成する物質

　　生物の細胞（**図 3-6**）を構成する物質は**表 3-1** のように分類できる。

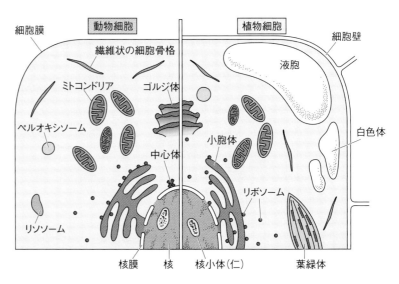

図 3-6　動物の細胞（左）と植物の細胞（右）（田村隆明『コア講義 生物学（改訂版）』（裳華房，2022）より転載）

表 3-1 細胞を構成する物質

物質名	構成元素	おもな役割
水	O, H	様々な物質の溶媒，物質の輸送，細胞内の急激な温度変化を防止
炭水化物	C, H, O	エネルギー源および細胞壁の成分となる
タンパク質	C, H, O, N, S	生物体の構造を作る
脂質	C, H, O, P	エネルギー源および膜の成分となる
核酸	C, H, O, N, P	DNA，RNA などを構成する
無機物	Na, Cl, K, Ca, Fe など	酵素や各種反応に必要

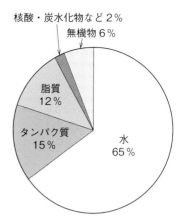

図 3-7 ヒトの細胞を構成する物質

表にはそれぞれの物質について，構成する元素，役割が示されていて，水と無機物を除き，多種の有機物が細胞の中に存在することがわかる。ヒトの細胞について量的な割合を図 3-7 に示した。

多くの生物種において細胞を構成する物質として最も多いのは水である。その次がタンパク質や脂質で，種によっては無機物としてケイ素や，炭酸カルシウムを多く含むものもある。例えば珪藻土のもととなる珪藻類はその骨格の主成分が二酸化ケイ素（SiO_2）であるし，イネ科の籾殻の主成分もケイ素である。カタツムリの殻や鶏卵の殻，貝殻の主成分は炭酸カルシウム $CaCO_3$ である。

3-3-1 炭水化物

第 6 章の食品に関する化学でふれるが，生物の体の中で炭水化物の多くはエネルギー代謝のために消費される。また生物の炭水化物の一部は糖を結合した脂質や，ムチン質など糖とタンパク質が結合してできた多糖類などとしても存在している。

糖としてなじみのある**ブドウ糖**についてみてみよう。ブドウ糖は単糖類の仲間（化学式は $C_6H_{12}O_6$）でブドウにたくさん含まれ，ブドウから発見されたのでこのように呼ばれる。別名**グルコース**ともいい，**図 3-8** のように水溶液にすると，三つの形で平衡を保つことがわかっている。図の中央に示されたアルデヒド基を持つ鎖状の構造は，グルコース水溶液ではグルコース全体の約 1 % 程度しか存在できず，約 38 % が α-D-グルコースの構造を，約 62 % が β-D-グルコースの構造をとる。α-D-グルコースは**デンプン**の，β-D-グルコースは**セルロース**の基本構造である。この D-グルコースの D- は**図 3-9** に示したような**構造異性体**のひとつであるが，天然のグルコースはすべて D-構造である。細胞内に取

🐾 有機物と無機物

有機物とは一般に生物由来で炭素を含む物質を示す。それに対して無機物はそれ以外の物質となる。炭素を含むものでも二酸化炭素，黒鉛（グラファイト）やダイヤモンドは無機物とされる。有機野菜，有機農業における「有機」は，化学合成された肥料や農薬に頼らずに，生き物由来の堆肥などで作物を育てるという意味で使われている。

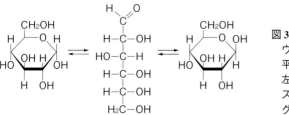

図 3-8 水の中でのブドウ糖（グルコース）の平衡反応
左から α-グルコース，フラノース，β-グルコース

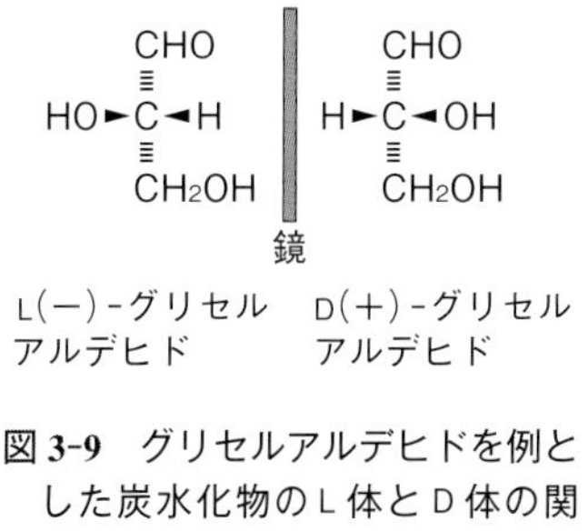

L(−)-グリセルアルデヒド　　D(+)-グリセルアルデヒド

図 3-9 グリセルアルデヒドを例とした炭水化物の L 体と D 体の関係
一つの炭素の周りに四つの異なる官能基が結合すると鏡像の関係の構造異性体が存在しうる。

り込まれたD-グルコースは，ミトコンドリアをもつ真核生物ではクエン酸回路[*1]と呼吸鎖を利用して生命体の活動に必要なエネルギー（アデノシン三リン酸；ATP）をたくさん生み出すことができる（**図3-10**）。

*1　TCA回路，クレブス回路などとも呼ばれる。

━━━━━━━━━━━━━━━━

🔬 **ATP**

ATPはリン酸結合を一つ切断するごとにエネルギーを放出できる高エネルギー化合物である。

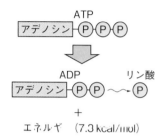

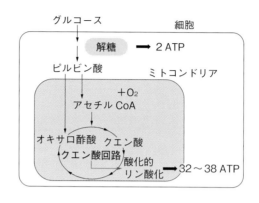

図3-10　グルコースの代謝によるATP生産の流れ

図3-11に単糖類から多糖類までの構造の概念図を示した。私たちが日々主食として摂取している米，パン，麺類などの炭水化物の中には多くのデンプンが含まれていて，そのデンプンは我々の代謝反応によって次第にグルコースにまで分解されてエネルギーへと変化する。一方で植物細胞（図3-6右）に見られる細胞壁には多糖類の一種のセルロースが多く含まれていて，木材などを原料にこのセルロースから教科書やノート，ティッシュペーパーなどのための紙が作られている。

図3-11　単糖類から多糖類までの概念図

3-3-2　アミノ酸とタンパク質

タンパク質は生体を構成する大切な物質のひとつで，ヒトの細胞の中

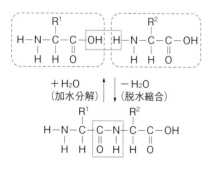

図3-12　二つのアミノ酸の縮合とジペプチドの様子

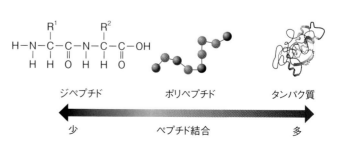

図3-13　ペプチド結合の数とタンパク質の構造

では水に次いで二番目に多い物質である。タンパク質の役割は，細胞の様々な小器官を構成したり，筋肉などを構成したり，また生体化学反応の**触媒**[*2]をつかさどる**酵素**の役割を担ったりしている。タンパク質は**アミノ酸**が**ペプチド結合**（**図 3-12**）でたくさんつながった巨大分子であり（**図 3-13**），生物が体の中でタンパク質を合成するためにはアミノ酸またはアミノ酸のつながった物質を摂取する必要がある。アミノ酸の構造は，**図 3-14** のように，一つの炭素にアミノ基，カルボキシ基，水素，そして特有の構造の側鎖（R で書かれている部分）がつながっている。側鎖が異なると違うアミノ酸になる。タンパク質を作るアミノ酸は天然には 20 種類存在する（代表例を**図 3-15** に示す）。

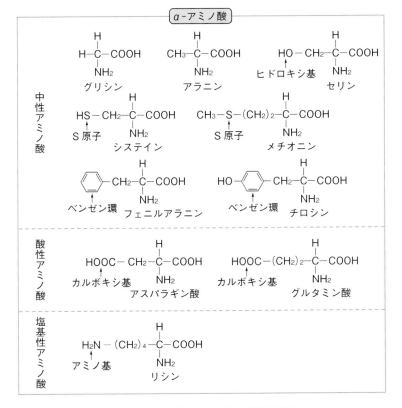

図 3-15　代表的なアミノ酸の種類と構造

図 3-12 や図 3-13 が示すように，アミノ酸どうしが**脱水縮合**をすると**ペプチド結合**が作られ長い鎖ができる。一方，ペプチド結合は水を加えることで開裂が進み（加水分解ともいう），分子が小さくなり最終的にはアミノ酸にまで分解する。さらに，アミノ酸は水に溶けるとイオンになる。アミノ酸のアミノ基とカルボキシ基が，pH の違いによって**図 3-16** のように陽イオンになったり陰イオンになったりする。ある特定の pH においては陽イオンと陰イオンを同時にもつ**両性イオン**（または双性イオン）になることができる。この pH の値を**等電点**と呼ぶ。この値

*2　化学反応において，それ自身は変化せず化学反応を促進する物質のこと。

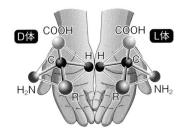

図 3-14　アミノ酸の基本構造（上）と立体異性体（下）

🔖 **脱水縮合**

分子どうしが結合反応する際に水分子 H_2O が外れること。

🔖 **生物のホモキラリティ**

生体を構成する糖の場合，D 体のみである。また DNA は右巻きらせんのみであり，タンパク質の場合には L 体アミノ酸だけである。このような，生体においてどちらかだけの異性体が存在する現象を「生物のホモキラリティ」といい，その謎は解決されていない。自然界の右巻きと左巻きについてはアサガオやマメ科植物などのツルの巻き方，巻貝などにも特異性を示すものがある。

はアミノ酸ごとに異なっていて，この値の違いを利用してアミノ酸を分類することができる。等電点の pH の値が 7 に近いアミノ酸は中性，pH が小さいものは酸性，大きいものは塩基性に分類される（**図 3-15**）。L 体のアミノ酸だけが生体に関わっている。

$$\text{陽イオン} \xleftarrow{\ \text{H}^+\ } \text{両性イオン} \xrightarrow{\ \text{OH}^-\ } \text{陰イオン}$$

図 3-16　アミノ酸の pH 変化に伴うイオン構造の変化

3-3-3　核酸 ─DNA と RNA─

染色体を形作っている物質が**デオキシリボ核酸**（DNA）である。その構造を左の図に示した。染色体は細胞の中にある細胞核（わずか数 μm の球体）の中に折りたたまれて格納されている。ヒトの場合は染色体が 23 対（46 本）あり，その染色体一つ一つが 1 本の DNA でできている。

DNA は**図 3-17** のように糖とリン酸の結合した長い分子（リン酸エステル）に側鎖として塩基が結合している。DNA には T（チミン），A（アデニン），C（シトシン），G（グアニン）の四種類の塩基しか存在しない。ヒトの 23 対の染色体に含まれる塩基対の数をすべて足し合わせると，約 30 億にもなる。DNA 分子の中の一部だけがタンパク質合成を通じて**遺伝**をつかさどる塩基対であり（哺乳動物では 1 % 程度），タンパク質を作るコードが含まれる部分を**遺伝子**という。DNA がらせん構造を作る理由は，長い分子鎖であるリン酸エステルにぶらさがっている塩基が，もう一本の長い分子鎖のリン酸エステルの塩基と水素結合（2-4-4 項）によって引き合っているからである。この水素結合は熱によってほ

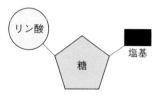

ヌクレオチドの基本形

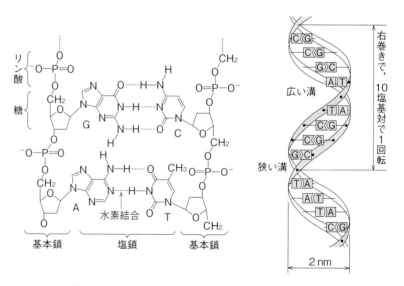

図 3-17　左：DNA の分子構造，右：DNA の二重らせん

どくことが可能である。

　また，DNA は大きな高分子であるが，その構成単位は**図 3-18** のようなヌクレオチドである。生体の代謝において，DNA が取り込まれるとそれが加水分解されてヌクレオチドになり，また新たな DNA を構成する原料となる。**リボ核酸**（RNA）も DNA と同じく核酸の重合体であるが，構造が DNA と若干異なっていて，糖骨格の酸素が 1 つ多く，また塩基の種類が一部 DNA と違ってチミン（T）の代わりにウラシル（U）が使われる。また RNA は二重らせんではなく一本鎖の構造をとる。RNA は DNA を鋳型にして必要に応じて合成・分解される。

　DNA から転写された mRNA の塩基配列をアミノ酸配列に翻訳することによりタンパク質は合成される。tRNA はアミノ酸を運び，mRNA 上の遺伝暗号に従ってリボソーム内にやってくる。アミノ酸どうしがペプチド結合によって結び付けられタンパク質が形成される（**図 3-19**）。

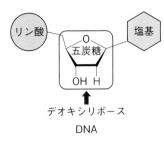

デオキシリボース
DNA

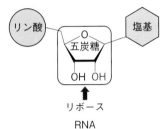

リボース
RNA

図 3-18　DNA と RNA の糖骨格の違い

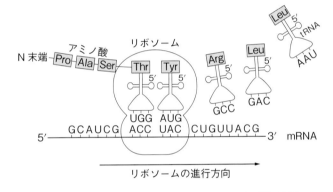

図 3-19　DNA の配列とタンパク質のアミノ酸配列の関係

コラム 光合成と年代測定

　炭素の同位体はほとんどが安定同位体の ^{12}C と ^{13}C であるが（1-3 節 p.4 の側注），大気中では，宇宙線の影響を受けて窒素 ^{14}N からごくわずかに放射性同位体の ^{14}C が生成されており，大気中の酸素と結合して $^{14}CO_2$ となる。その濃度は常に一定で大気中に存在している。

　生きている植物（動物）は，光合成（または食物連鎖）で二酸化炭素を摂取し続けるので，生体内の ^{14}C の比率は生きている間は同じといってよいが，植物（動物）が死滅すると二酸化炭素を取り込まなくなる。よって，例えば木材などの ^{12}C や ^{13}C は炭素として存在し続けるが，^{14}C は放射線崩壊をして炭素ではなくなっていく。そのため，発掘された遺跡などで発見される植物由来の材料について，^{14}C の比率を調べることで，その大まかな年代を決定することができる。

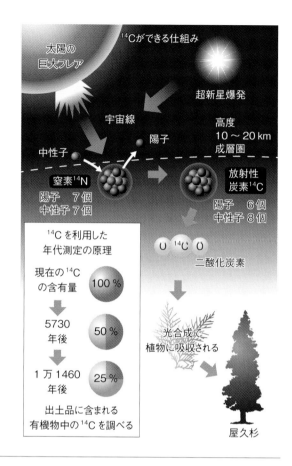

例題 3-1　0.1 mol/L の塩酸および 0.1 mol/L の水酸化ナトリウム水溶液の pH を計算せよ。図 3-3 を参照してもよい。

例題 3-2　pH を知る方法にはどんなものがあるだろうか。

例題 3-3　塩化ナトリウム NaCl 1.17 g を水に溶かして半透膜で仕切った U 字管に入れ，500 mL の溶液を調製した。25 ℃ のとき，この溶液の浸透圧は何 Pa となるか求めよ。ただし，原子量は Na = 23，Cl = 35.5 とする。

例題 3-4　図 3-15 のアミノ酸の構造を参考にして，アラニンとチロシンが互いにペプチド結合するとどのような形になるか描いてみよう。

●文献・サイト

1）国立国際医療研究センター病院 AMR 臨床リファレンスセンター HP「一般の方へ 感染症の基本 細菌とウイルス」
　　https://amr.ncgm.go.jp/general/1-1-2.html
2）数研出版編集部 編集，鈴木孝仁 監修『視覚でとらえるフォトサイエンス 生物図録』三訂版，数研出版（2017）
3）山崎友紀・川瀬雅也 著『例題で学ぶはじめての無機化学 I 錯体・各論 編』技術評論社（2020）

第4章　文明や歴史の記録と化学

人類が地球に誕生してから，文明は進化し続けている。その背景には化学の力が潜んでいる。その歴史の一部を知ることができるのも，過去の人たちが残してくれた壁画やパピルスなどの記録が伝えられたことによる。まずはその壁画やパピルスなどを化学的に学び，現在の記録手法にはどのようなものがあるかについて学習する。紙や鉛筆の仕組み，コピー機・本の印刷・写真の技術，そして最近ではなくてはならないデジタル情報など，様々な記録に関する化学を色々な視点で学んでみよう。

【4-1】 紙と鉛筆

紙の原型となったパピルス（papyrus）は古代エジプトで発明され，その言葉が紙（paper）の語源ともなったように，世界に大きな影響を与えたと考えられる。この紙の原型は，紀元前3000年ほどからパピルス（カミガヤツリとも呼ばれる）という植物の繊維を縦横に重ねて作られたと考えられている。

現在の製紙の原理いわゆる「漉く」工程で作られる紙の原型は，紀元前2世紀ごろに中国で発明されたと考えられていて，日本に伝えられたのは7世紀ごろである。ヨーロッパや中東諸国などでは古く紙の原料に，着古した衣類の麻や木綿の繊維が使われていた。日本の和紙の製造には，紙質を高めるために楮，三椏，雁皮と呼ばれる樹木の外皮の下にある柔らかい内皮が使われてきた。

基本的な紙の製造プロセスは，植物繊維（セルロース）を取り出して縦横に絡み合った状態を薄く延ばして水分を取り除けばよい。しかし，植物細胞の細胞壁には，セルロース，ヘミセルロース，リグニン，その他の有機物質が含まれている（図4-1）。セルロースを効率よく取り出

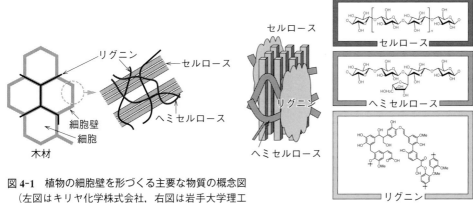

図4-1 植物の細胞壁を形づくる主要な物質の概念図
（左図はキリヤ化学株式会社，右図は岩手大学理工学部化学生命理工学科のHPより改写）

高温高圧水－熱水

大気圧で水は 100 ℃ で沸騰する。しかし完全密閉容器の中で水は沸騰することはなく，374 ℃ まで液体でいることができる。このような容器の中では水の蒸気圧によって圧力が自動的に上がるため，容器は**オートクレーブ**と呼ばれ，そのような条件を**水熱条件**という。高温高圧の水は，常温の水とは異なって pH を 6 以下にすることができ，加水分解反応などの反応性に富むため，セルロースなどの分子を短くすることができる。

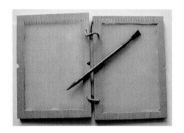

図 4-2　蝋板（wax tablet）と尖筆（stylus）
© Peter van der Sluijs

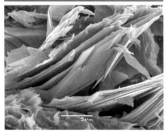

鉛筆の芯の部分の電子顕微鏡写真
　（国立教育政策研究所 理科ねっとわーく 提供）

すためには，アルカリや**高温高圧水**などにより不要な物質を化学的に分解除去する必要がある。このように不要なものを除去した繊維リッチなものが**パルプ**である。また森林伐採による地球環境への負荷や，ごみ問題，紙の燃焼による二酸化炭素排出などの観点から，**古紙**を化学的に処理して**再生パルプ**を作ることが行われている。ただし古紙をパルプの原料にする場合，界面活性剤などでインクなどの顔料や添加物を除去する工程が必要となる。

　さて，**鉛筆**はどのように作られているのだろうか。日本語で鉛の筆と書かれるが，鉛筆の芯に鉛は入っていない。大昔に紙や鉛筆が普及していない時代に，メモや記録を取るのに，石板や蝋板と尖筆（スタイラス stylus）（**図 4-2**）が使われていた。先の尖った棒状の筆記具で，石板などに押し当てることで筆記することができるが，この一部が鉛で作られていた。

　鉛筆の芯の材料は，主に**黒鉛**（グラファイト）からなり，強度を保つために粘土などが混ぜられている。**図 4-3** のように，黒鉛は炭素の結晶で，炭素が平面につながったシート状のものが層をなしている。このシートとシートの間は滑りやすいため，鉛筆で紙をなぞると，そのシートがはがれながら筆記することができる。筆記時の滑らかさを作るために，天然鉱物の黒鉛も鱗状黒鉛と土状の黒鉛がバランスよく配合される。芯に使われる粘土は，鉛筆芯の成形に適した可塑性（しなやかさ）や，比較的低温での結晶化を進めて強さ等の物性が向上するために使われる。ドイツ産の硅石（酸化ケイ素 SiO_2）が鉛筆に適するといわれている。

　一方，シャープペンシル用の芯いわゆるシャープ芯は，強度を保つために黒鉛に高分子の樹脂が添加されている。

えんぴつ（芯）　　　グラファイト

図 4-3　鉛筆の芯の主成分の黒鉛（グラファイト）
　（小林良彦氏（大分大学教育学部）のサイトより改写。写真は Wikipedia）

【4-2】　絵の具や顔料・染料

　普段の生活の中で，色は視覚的に我々を楽しませてくれている。カラフルな壁紙，タイルや屋根のような建材，またアイシャドーや口紅など化粧品にもカラフルな商品がたくさんある。紙に色を付ける方法として

は, クレヨン, 色鉛筆, カラーペン, 水彩絵の具, 油性のマジックペンや油性絵の具, 印刷などがある。衣服用の繊維や布を染めるには天然および合成染料の両方が活躍する。**図 4-4** のように, 化粧品を例にとっても様々な着色剤（色素）があり, 有機物由来のものもあれば無機物由来のものもある。一般的に溶剤に溶ける着色剤を**染料**, 溶けないものを**顔料**と呼ぶ。また元素の種類, 特に金属の種類によっては同じ元素でも様々な色を見せるものがある。

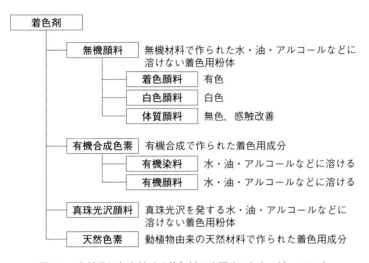

図 4-4　化粧品に色を付ける着色剤の分類（© 久光一誠, 2021）

　いずれの色素も発色の原理は光の吸収である。光が照射された色素の中の電子が占有されたエネルギー準位から, 占有されていないエネルギー準位へ移動（遷移）して発色する。有機物の場合には, 二重結合と単結合を交互に繰り返す構造やアゾ基などの不飽和結合など**発色団**となる分子構造と, 電子のドナー性[*1]の強い分子の部分（官能基）とアクセプター性の強い部分から構成される**助色団**となる分子構造を持つ場合に, 電子移動が起こり発色する。例えば**図 4-5** のアニリンイエローの場合には, アニリンとジアゾニウム塩のカップリング反応（p.37 側注）

*1　電子を渡す性質をドナー性, 電子を受け取る性質をアクセプター性という。

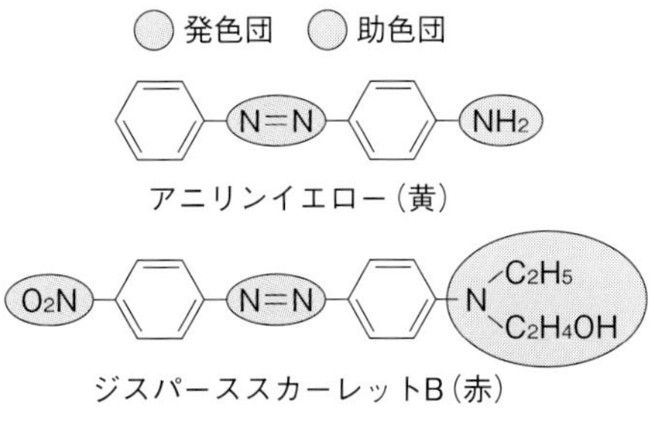

発色団		助色団	
>C=C<	二重結合	−OH	ヒドロキシ
−N=N−	アゾ	−NH₂	アミノ
>C=N−	メチレンアミノ	−SH	メルカプト
−N=N− O	アゾキシ	−NHR	アミノ
>C=S	チオカルボニル	−NR₂	アミノ
>C=O	カルボニル	−COOH	カルボキシ
−N<O/O	ニトロ	−SO₃H	スルホ
−N=O	ニトロソ		

◯ 発色団　◯ 助色団

アニリンイエロー（黄）

ジスパーススカーレットB（赤）

図 4-5　有機色素の分子構造による発色の例（『日本大百科全書』（ニッポニカ）小学館より改写）

りんごが赤く見える理由

赤い光を反射　　赤

私たちは可視光線のうち物質（顔料なども含む）が吸収した残りの色（反射された光）を感じて色を認識している。

⋯⋯⋯⋯⋯⋯⋯⋯⋯⋯⋯⋯⋯⋯

遷移元素

周期表における 3 〜 12 族の元素のことを遷移元素という（遷移金属とも呼ばれる）。以前の高校教科書では 3 〜 11 族が遷移元素とされていたが，国際標準的な指摘から現在は 12 族も遷移元素とされている。遷移元素はその電子の配置の仕方から化学的な反応性が高く，化合物や錯体などが有色であることが多い。周期表の横の並び（同じ周期）のものどうしで性質が似ることが多い。

で合成される。合成された分子の中の助色団であるアミノ基から発色団であるアゾ基の方向へ電子の流れ込みがあるために特定の波長の可視光線を吸収するので，我々には黄色に発色して見える。

　一方，無機顔料に多く使われている**遷移元素**の多くの発色は，d-d 遷移と呼ばれる電子の移動によることが多い。これは，配位子の数や配置に依存して d 軌道がエネルギー的に分裂することによる。その他，配位子の非共有電子対から錯体の金属の空の d 軌道への電子移動による場合もある。

　鉄を含む無機顔料は，化学的に安定で安全性も高く，複数のカラーバリエーションを示す。ファンデーション，アイシャドー，アイライナー，マスカラ，アイブロウ，口紅といった化粧品にも使われている。赤色の鉄系顔料は「べんがら」とも呼ばれ，酸化第二鉄（Fe_2O_3）を主成分とする。この名前の由来はインドのベンガル地方から伝わったからといわれる。黄色の鉄系顔料の主成分はゲーサイト（水和酸化鉄，α-FeOOH）で，黒色の鉄系顔料の主成分は磁鉄鉱（またはマグネタイト，Fe_3O_4）である。褐色のマグヘマイト（γ-Fe_2O_3）や赤褐色のレピドクロサイト（γ-FeOOH）など，違う色の鉄系顔料もある。

　古代の壁画で多く使われていたのもこのような天然由来の顔料である。鉄鉱床から得られたヘマタイトによる赤色顔料，カルシウムを主体とする白色顔料，ものを燃やして得られたカーボンブラック，マンガンと鉄を含む粘土から得られる琥珀色顔料，ラピスラズリという岩石から作られる瑠璃色顔料などである。

【4-3】 写真と印刷

　モノクロ（白黒）写真や動画しかなかった時代には，色の付いた夢を見る人は少なかったといわれている。この風説において化学的な根拠は薄いが，現代は簡単にカラーの写真や映像が撮れる時代となった。モノクロ写真やカラーの写真，印刷の仕組みについてみてみよう。

　モノクロ写真の原理は，フィルムの表面に塗布された臭化銀 AgBr が光により還元されて銀 Ag になる化学反応を利用している（**図 4-6**）。写真を撮影するときに，例えば黒っぽい服など暗い色の物体に当たった光はその物体に吸収されて反射しないので反射光がフィルムまで到達しない。すると暗い対象物に対応する部分のフィルムの臭化銀はそのまま残っていて，明るい物体に当たってたくさん光が反射されたフィルムの部分は銀に変化する。臭化銀は現像時の洗浄によって洗い流されるのでフィルムは透明になり，銀に変化した部分だけが黒くなる。これを**露光**といい，臭化銀が還元される反応は次のように表される。

$$2\,AgBr \longrightarrow 2\,Ag + Br_2$$

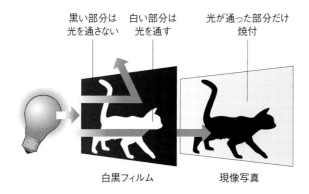

黒い部分は　白い部分は　　光が通った部分だけ
光を通さない　光を通す　　焼付

白黒フィルム　　　現像写真

図4-6　モノクロ写真の仕組み

ネガには被写体と反転された像が写し出されている。これを**現像**（プリント）する際に，ネガの透明の部分は光が通り印画紙に当たるので現像すると黒っぽくなる。ネガの黒い部分は光が通らないので，現像すると白っぽくなる。現像では，光を当てることによって生じる潜像が現像液で還元され，印画紙の上で大きな粒子に成長する。そのときに銀イオンを銀にするための還元剤が用いられる。

$$Ag^+ + e^- \longrightarrow Ag$$

また，この現像の反応をある一定時間ののちに**停止**することで適切な濃淡のモノクロ画像を得ることができる。この停止は，酢酸のような酸性溶液に浸すことで行う。

また，**定着**とは未反応のハロゲン化銀を取り除くことをいい，ハロゲン化銀は次の反応式のようにチオ硫酸ナトリウム $Na_2S_2O_3$ と反応して錯イオンを作ることが知られている。これと反応させて溶液中に溶かし出すことにより取り除くことができる。

$$AgCl + 2Na_2S_2O_3 \longrightarrow 3Na^+ + [Ag(S_2O_3)_2]^{3-} + NaCl$$

カラー写真も，白黒写真と同じようにネガフィルムが使われる。色を見せるために感光色素が使われている。物体に当たった太陽光が光を反射し，フィルムに当たって CMY（シアン・マゼンタ・イエロー）[*2] の色でネガフィルムに記録される。

青い物体は緑と赤の光を吸収し，青の光を反射するので，青い光がフィルムに当たると光反応が起こり，微量の還元された銀が生成される。光を吸収した感光色素が臭化銀にエネルギーを与えるからである。青を吸収する感光色素には，あらかじめカプラーという薬品が加えてあり，現像の段階でカプラーが**カップリング反応**をして青の補色である黄色に発色する。同様に，緑を吸収する感光色素からはマゼンタの色が，赤の感光色素からはシアンの色ができる。このように，現像液中に存在する N,N-ジメチル-1,4-フェニレンジアミン二塩酸塩などのアゾメチン化合物（現像薬）が CMY 用それぞれのカプラーと反応を行い，CMY それぞれの色素（染料）を生成するのが基本となっている（**図4-7**）。

*2　シアンはやや緑がかった青色，マゼンタは明るい赤紫色である。

🧩 **カップリング反応**

カップリング反応とは，二つの分子を結合させて一つの分子にする化学反応のことをいう。

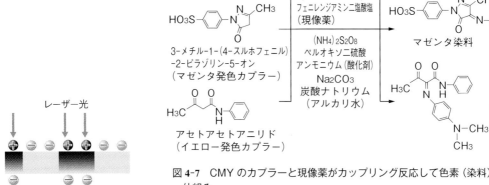

図 4-7　CMY のカプラーと現像薬がカップリング反応して色素（染料）が生まれる仕組み

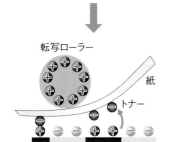

図 4-8　レーザープリンターの仕組み（ナノエレクトロニクスの HP より改写）

最終的に現像するときもまたこれらが反転されて，ネガフィルムの補色が印画紙に定着して発色されるようになっている。

　パソコンの画面で示されたものや，出版物などのカラー印刷にも色の三原色である CMY のインクが使われている。黒を実現するためには，CMY を混ぜて作ることもできるが，黒専用のトナー K が使われることも多い。家庭で使われるインクジェットプリンターの場合には液体のインクを紙に噴射しているが，レーザープリンターでは，レーザー光により感光性ドラムに転写をして書き込まれる。ドラムには光導電体（光が当たると電気が流れる物質）が貼ってあり，静電気を利用してトナーがドラムに付いて紙に転写される（**図 4-8**）。

【 4-4 】 デジタル記録

　紙の上に鉛筆で書いたり，印刷されたりするようなアナログ式の記録の他に，二進法を基本とするデジタル式の記録方法がある。近年の記録媒体の主流となっているのが CD や DVD，ブルーレイディスク（BD）

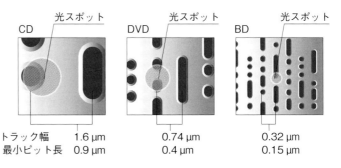

	CD	DVD	BD
トラック幅	1.6 μm	0.74 μm	0.32 μm
最小ピット長	0.9 μm	0.4 μm	0.15 μm

図 4-9　光ディスクのピットの大きさの違い（少年少女発明クラブニュースの記事より改写）

などの光ディスクである。光ディスクの表面は，**図4-9**のようになっていて，記録面（下側の層）にレーザー光で作られた幅1 μmよりも小さなくぼみがある。このくぼみはピットと呼ばれる光スポットで，書くときにはレーザー光によって掘られ，読むときもレーザー光を反射させて情報を得る。

図4-10の左に光ディスクの断面図を示す。ポリカーボネート板を主体として何層にもなっているのがわかる。読む場合にはアルミニウムなどの反射層がレーザー光を反射する。

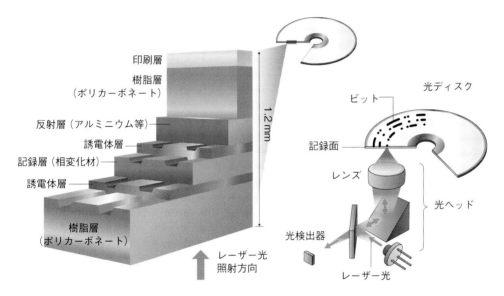

図4-10　左：DVD-RW の断面図，右：光ディスクの記録をレーザーによって読む仕組み
（左図は武蔵野美術大学の HP，右図は少年少女発明クラブニュースの記事より改写）

DVD も BD も仕組みは CD と同じであるが，DVD や BD の場合には，レーザー光の波長がより小さく，さらに小さなピットが作れるために情報量も多くなる。CD のレーザー光の波長は 650 nm であるのに対し，BD は 405 nm である。情報量の違いは，CD が 700 MB，DVD が 4.7 GB，BD は 50 GB である。

パソコンの中などに入っているハードディスクドライブ（HDD）は，光ではなく磁気を記録している。「面内磁気記録」方式と呼ばれ，微小な磁気ヘッドによって磁界が生み出されてディスクの水平方向にはたら

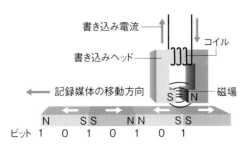

図4-11　HDD における磁場による記録の仕組み（サイエンス・グラフィックス株式会社の HP より改写）

きかけ，ディスク上に張り巡らされた微小な磁石（磁性粒子）の極性を
S極→N極，もしくはN極→S極と切り替えることでデジタルデータ
を記録する（**図4-11**）。ディスク上の磁石（磁性粒子）を小さくすればす
るほど記録密度を高めることができる。磁性粒子には，現在Co-Pt-Cr
（コバルト・白金・クロム）合金が使われていて，磁気ヘッドの基板材料
はAl$_2$O$_3$-TiC（アルミナ・炭化チタン）セラミックスが使われている。

コラム 照明に使われる化学反応 ―燃焼反応，酸化反応―

ロウソクや松明（たいまつ）など，燃焼反応を利用した照明の歴
史は長い。図1にロウソクの仕組みを示した。ロウの
燃焼反応によって炎が発熱し，それによって上昇気流
が発生する。その気流から次々と空気中の酸素が供給
されて芯から蒸発した気体のロウが燃え続ける。

現在の多くの市販のロウは，石油の成分であるパラ
フィンワックス（炭素数18〜30ぐらいの直鎖状ア
ルカンC$_n$H$_{2n+2}$）が主成分である。直鎖状アルカンの
燃焼反応についてプロパンC$_3$H$_8$の酸化反応を例にす
ると次のようになる。

$$C_3H_8 + 5O_2 \longrightarrow 3CO_2 + 4H_2O$$

このように物質が酸化反応をする際に，熱や光の形
でエネルギーを放出する現象を**燃焼反応**という。古く
からあるロウソクには蜜ロウ（みつ）（パルミチン酸ミリシル
C$_{15}$H$_{31}$COOC$_{30}$H$_{61}$），鯨ロウ（げい）（パルミチン酸セリル
C$_{15}$H$_{31}$COOC$_{16}$H$_{33}$）などが原料に使われる。

白熱電球のようなフィラメントを利用した電球の発
光は，燃焼反応とは異なる（**図2上**）。タングステン
Wなど高い電気抵抗を持つフィラメントに電流を流
すと，フィラメント自体の電気抵抗によって2千数
百℃にまで発熱するとともに，白色光を発するよう
になる。このように高温に熱せられたものが光を出す
ことを**熱放射**という。

蛍光灯の場合は，水銀が封入されたガラス管の中で
熱電子を発生させて放電を行っている（**図2下**）。放
電によって蒸発した水銀の原子が紫外線（253.7 nm）
を発生し，その紫外線が蛍光物質に照射されて可視光
線になって発光する。

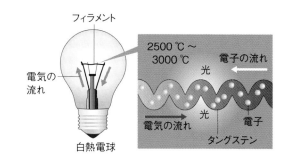

図2　上：タングステン電球の仕組み，下：蛍光灯の発光
（上図は Stone Washer's Journal の記事，下図は節電工
房 HP よりそれぞれ改写）

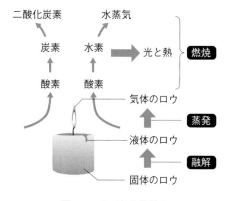

図1　ロウソクの仕組み

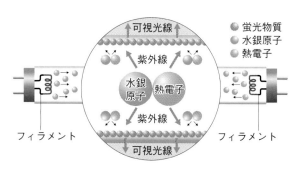

🔬 アルカン

アルカンは直鎖状につながった炭素に水素が最大数結合していることから，飽和炭化水素といわれ，炭素の数を n とすると，C_nH_{2n+2} で示される。直鎖状に対して，枝分かれをしたアルカンも存在する。飽和炭化水素に対して，不飽和炭化水素も存在する。炭素と炭素の結合が単結合（一重結合）ではなく二重結合のものをアルケン，三重結合のものをアルキンという。

メタンは天然ガスの主成分で，家庭用にも普及している。エタン由来のエチレンはプラスチックの原料としての需要が大きく，プロパンやブタンは家庭用ガスやカセットコンロの原料として利用される。炭素が長いものの名前にはなじみがないが，日常で使っている石鹸やシャンプー，食用油，ロウソクなどにはこのような長い炭化水素の構造がたくさん含まれている。

表　直鎖アルカンの名称の例

炭素数	名称	炭素数	名称
1	メタン (methane)	11	ウンデカン (undecane)
2	エタン (ethane)	12	ドデカン (dodecane)
3	プロパン (propane)	13	トリデカン (tridecane)
4	ブタン (butane)	14	テトラデカン (tetradecane)
5	ペンタン (pentane)	20	イコサン (icosane)
6	ヘキサン (hexane)	21	ヘンイコサン (henicosane)
7	ヘプタン (heptane)	22	ドコサン (docosane)
8	オクタン (octane)	30	トリアコンタン (triacontane)
9	ノナン (nonane)	40	テトラコンタン (tetracontane)
10	デカン (decane)	100	ヘクタン (hectane)

例題 4-1　光学顕微鏡と電子顕微鏡の違いと，観察できるものの大きさについて調べてみよう。

例題 4-2　紙の原料について，昔のものと現在のもので何が違うか調べてみよう。

例題 4-3　鉛筆の芯の原料の黒鉛の構造について，そのシートはどのように重なっているか調べてみよう。

例題 4-4　家庭用の熱源として利用されているメタンとプロパンについて，分子量や分子の構造，その特徴などを書いてみよう。

●文献・サイト

1）伊藤征司郎：最新顔料講座（第 I 講）顔料概論. 色材協会誌，**83**(7)，308-316（2010）

2）物質・材料研究機構（NIMS）HP「磁性・スピントロニクス材料研究拠点」
　　https://www.nims.go.jp/mmu/overview_j.html

3）内藤卓哉：講座 光と色と物質 照明の化学1 －白熱電球の技術－. 化学と教育，**65**(11)，574-577（2017）

4）植田和茂：講座 光と色と物質 照明の化学2 －放電ランプ，蛍光灯，LED 照明の仕組みと進歩－. 化学と教育，**65**(11)，578-581（2017）

第 **5** 章

調理と空調の化学
―熱とエネルギーの化学―

調理は日々の食生活に不可欠な活動で，食という点で私たちの体の健康を支える重要な役割を担っている。調理の過程で火の使用が有効であることを古人が発見したことで，熱によって衛生面が向上し，しかも圧倒的に料理と味の種類が多様化した。加熱調理によって一層美味しいものを食べられるようになったことは人類にとって大きな喜びとなっている。一方で暑いときにはクーラーが，寒いときには暖房があることで日々のくらしが便利で快適になっているが，その熱の出入りについても触れる。後半では私たちに必要なエネルギー源のひとつの化石燃料についても理解を深める。

【 5-1 】 エネルギーとカロリー

熱と**エネルギー**という言葉は，同じような意味合いで使われることもあるが厳密には異なっていて，熱はエネルギーの形の一つである。また**温度**と熱の違いがよくわからなくなることもあるかもしれない。温度は冷たさや温かさの度合いつまり状態を示す言葉で，**熱**は温度の高いところから低いところへ移動する量を示す言葉である。温度の単位には世界の多くで摂氏（℃）が使われていて，もともとは水が凍って氷になる温度を 0 ℃，水が沸騰して気体になる温度を 100 ℃ としてその間を 100 分割して決められた単位である。科学的には国際基準（SI 単位；2-5-2 項）によって**絶対温度**（単位は K，ケルビン）が採用されている。この K の開きの度合いは ℃ と同じである。絶対温度のゼロ度つまり**絶対零度**の 0 K （零ケルビン）は約 −273 ℃ であり，この温度では分子などすべての物質を構成する粒子の運動が止まるとされる。

エネルギーは仕事をする能力と定義される。またエネルギーの種類（形態）はものを動かす**力学的（運動）エネルギー**をはじめ，**光エネルギー**，**熱エネルギー**，**化学エネルギー**，**電気エネルギー**，**核（原子力）**

🜨 華氏

アメリカでは天気予報や体温計など，普段の生活で華氏（ファーレンハイト，℉）が使われている。これはオランダの物理学者ファーレンハイト（1686～1736 年）が考案した単位であるが，基準がどのように設定されたかには諸説ある。現在では水の凝固点を 32 度，沸点を 212 度とし，その間を 180 等分して 1 ℉ とされている。そのため ℃ と ℉ の計算は次の式のように求められる。

$$℉ = 1.8 × ℃ + 32$$

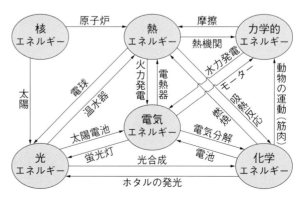

図 5-1 エネルギーの変換（国立教育政策研究所 理科ねっとわーくより改写）

エネルギーなど数種類あり，**図5-1**のように互いに変換できるものがたくさんある。

　例えば自動車を駆動するためのエンジンでは，ガソリンの燃焼反応によって化学エネルギーが熱エネルギーに変わり，それが車輪を動かす運動エネルギーに変わっている。ハイブリッド自動車では，その運動エネルギーの一部がバッテリーを充電する電気エネルギーおよび化学エネルギーとなる。その電気エネルギーは自動車のライトを光らす光エネルギーにも変換される。そして，車が走るとその運動エネルギーはタイヤと地面の摩擦などにより熱エネルギーに変わる。

　今度は**カロリー**に注目してみよう。カロリーはヒトの体を維持するために必要だが，一方でたくさん甘いものを食べたときに，摂取したカロリーを気にすることもあるだろう。カロリーはもともと熱量を示す旧単位であるが，食べたもののエネルギーという意味で日常的に使われることも多い。

　国際単位系（SI）では多くのエネルギーの表記にはJ（ジュール）が用いられるようになっている。SIでは，1.0 cal = 4.18605 Jと決められているが，カロリーのもともとの意味から，国際蒸気表カロリー[*1]では1 gの水を0 ℃から100 ℃へ上げるのに要する熱量の1/100の値を用いて1 cal = 4.1868 Jと決めている。この値は結局のところ水の比熱[*2]の値と同じである。簡単な熱量計算では**1 cal = 4.2 J**としてもよい。また，エネルギーも同様，大きな単位を表すのにk（キロ）やM（メガ）を付けることもすでに学習した（2-1節）。1 kcal = 1000 calであり，1 kJ = 1000 Jである。のちの燃料エネルギーの話題ではMJやGJも登場する。

　1 cal（カロリー）が1 gの水の温度を1 ℃上昇させるのに必要な熱量と決められた単位であることから，ヒトの体温を維持するために必要な食品のエネルギー量を示すにはJ（ジュール）よりも好都合である。食品に含まれる三大栄養素それぞれ1 gあたりに体の中で作り出すエネルギー量は，肉や魚などに多く含まれるタンパク質（protein）と主食に多く含まれる炭水化物（carbohydrate）は1 gあたり約4 kcal，脂質（fat）は約9 kcalとされている（右図）。糖質などの炭水化物だけがカロリーが高いわけではないことがわかる。

1 cal = 4.1868 J

ただし栄養学などでは1 cal = 4.184 Jを使うことが多い（本書では4.2 Jとした）。食品表示の熱量はkcalで表示される（calではないことに注意）。下はマヨネーズの食品表示の例。

栄養成分表示 大さじ約1杯（15g）あたり	
エネルギー	100 kcal
タンパク質	0.4 g
脂　質	11.2 g
炭水化物	0.1 g
食塩相当量	0.3 g

[*1]　カロリーの数値は，国際的には国際蒸気表カロリーに準拠することになっている。

[*2]　単位質量の物質の温度を単位温度上昇させるために必要な熱量。

P　タンパク質（protein） 1 g = 4 kcal

F　脂質（fat） 1 g = 9 kcal

C　炭水化物（carbohydrate） 1 g = 4 kcal

三大栄養素PFCの熱量

【5-2】 燃焼反応を使った調理
―ガスコンロ，カセットコンロ，炭火焼―

　家庭用ガスコンロの燃料は，**都市ガス**の場合には**メタン**が主成分であり，**LP（液化石油）ガス**の場合には**プロパン**が主成分である。カセットコンロ用のガスボンベの主成分は**ブタン**（ノルマルブタンとイソブタンのどちらかまたは両方）である（**図5-2**）。**表5-1**にガスコンロに使われ

H H H H
| | | |
H-C-C-C-C-H
| | | |
H H H H

H H H
| | |
H-C-C-C-H
| | |
H H-C-H H
|
H-C-H
|
H

**図 5-2　ノルマルブタン（上）と
イソブタン（下）の分子構造**

*3　これらの反応に伴う発熱量を，それぞれの反応式の横にエンタルピー変化（ΔH）として【　】で示した。このエンタルピー変化は，反応系自体がその中に取り入れた熱として扱うので，発熱の場合には反応系から外部に熱が移動したとしてマイナスの符号を付ける。

──────────────────

🏵 **エンタルピー**

物質のもつエネルギー（熱エネルギー ＋ 圧力エネルギー）のことを**エンタルピー**という。その差（**エンタルピー変化**）によって外部と熱や動力のやり取りをすることができる。一定圧力では，反応の前後によって変化した熱量が反応エンタルピーとなる。

*4　炭素の不完全燃焼は，
$2C + O_2 \longrightarrow 2CO$ と書ける。

*5　aq は水溶液であることを表す。

るガスの成分例を示した。一方で，七輪（しちりん）などで使われる炭は炭素を主成分とする。

表 5-1　都市ガスと LP ガスの成分の例

成分（%）		都市ガス（13 A の例）	LP ガス
メタン	CH_4	89.6	わずか
エタン	C_2H_6	5.62	＞5
プロパン	C_3H_8	3.43	95
ブタン	C_4H_{10}	1.35	わずか

LP ガスは liquefied petroleum（液化石油）ガスの略

　これらが**完全燃焼**すると酸化反応と同時に炎を形成し，熱と光を放出する。このようなガスの燃焼反応では，それぞれの分子が持っている化学エネルギーが熱エネルギーと光エネルギーに変換される。炭素，メタンおよびプロパンの燃焼反応を化学式で示すと次のようになる*3。

$$C + O_2 \longrightarrow CO_2 \quad 【\Delta H = -394 \text{ kJ/mol}】 \qquad (1)$$

$$CH_4 + 2O_2 \longrightarrow CO_2 + 2H_2O \quad 【\Delta H = -888 \text{ kJ/mol}】 \qquad (2)$$

$$C_3H_8 + 5O_2 \longrightarrow 3CO_2 + 4H_2O \quad 【\Delta H = -2215 \text{ kJ/mol}】 (3)$$

　反応式を比較すると，物質によって反応に伴う発熱量や発生する二酸化炭素や水の量が異なることがわかる。発熱量は出発物質 1 mol あたりに発生する熱量 kJ で示すことになっている。これらの燃料を調理で使う場合，一般的な加熱器具は空気中の酸素を十分供給できる仕組みになっていて完全燃焼が持続する。しかし空気中の酸素の供給が不十分になると，**不完全燃焼**によって，毒性の強い一酸化炭素 CO が発生することがある*4。一酸化炭素を呼吸によって吸引すると，ヘモグロビンによる酸素運搬が著しく低減するので，全身が酸欠になり後遺症が残ったり，死に至ることもあるので十分に気をつけたい。

　燃焼熱は化学反応によって発生する代表的な反応熱である。化学反応によっては発熱ではなく，吸熱して周りから熱を奪って冷却するようなものもある。例えば尿素や硝酸ナトリウムは水との**水和反応**においては周りの熱を奪うので**吸熱反応**と呼ばれる。発熱とは反対に，外部から反応系に熱が移動したことになるので，熱量の符号は正である（＋記号はふつう省略される）。この反応は使い捨て冷却パックの原理となっている。

$$NH_4NO_3 + 水 \longrightarrow NH_4NO_3 \text{ aq}^{*5} \quad 【\Delta H = 25.7 \text{ kJ/mol}】$$

【 5-3 】 状態変化と熱の出入り

5-3-1　打ち水

　夏の暑い日に，**蒸発熱**を使って周りの熱を奪って涼しくする方法がいくつかある。打ち水はその代表的なもので，家の周りの路面温度を下げ

ることができる（**図 5-3**）。イベント会場などでよくみられるミストシャワーも同じ原理を使っていて，部分的に空気や人やものの表面温度を下げることができる。一度水で濡らして使うバンダナも同じ原理で首周りを冷やすことができる。水で濡れた洗濯物を干しておくといつのまにか乾くように，水は沸騰しなくても大気圧下では蒸発することに注意してもらいたい。

図 5-3　打ち水の仕組み

　このような水の状態変化は地球上のあちこちで生じていて，水の状態変化に伴う熱の出入りは気象の変化にも大きな影響を与えるほどである。**図 5-4** に水の三つの状態変化と熱の出入りの関係を体積変化とともに示した。打ち水の場合には液体の水が気体の水蒸気になるので体積が膨張しながら周りの熱を奪うことがわかる。

　図 5-5 には，大気圧下で温度の低い状態の固体の水（氷）に熱を与えていった場合，状態変化に伴ってどのように温度変化するかを示した。純水は大気圧下では 0 °C で凍り，100 °C で沸騰する。図が示すように氷と水，または水と水蒸気など二つの状態が共存する場合には温度が一定で変わらない。一方，液体の状態になった水に熱を与えていくと温度が変化する。このように熱の出入りについては，温度の変化がある場合は**顕熱**，温度が変化しない熱は**潜熱**と呼ぶ。液体の水として 0 °C から100 °C に変化するときの顕熱は，5-1 節で説明したように 1 °C 温度を上げるのに約 4.2 J が必要である。

図 5-4　水の状態変化と熱変化の関係

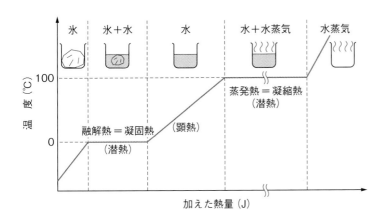

図 5-5　水の状態変化と熱の関係

　図 5-6 は 0 °C や 100 °C における潜熱（状態変化に伴う熱）の値の関係を，縦軸にエネルギーをとって示したものである。

　水の場合には第 2 章で紹介したように，気体，液体，固体と状態が変わるごとに分子の運動や配列の状態が大きく異なっている。水は液体のときに水素結合によってクラスター構造をとることから，気体分子として離れるという蒸発現象が起きにくいため，沸点が高くまた蒸発熱も他の物質に比べて大きい。水の固体，氷は正四面体構造を介した規則正し

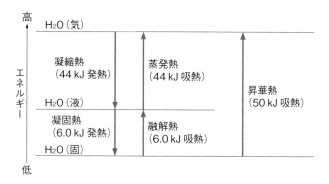

図 5-6 水の状態変化に伴う熱量（1 mol あたり）

い結晶（**図 5-7 左**）を作り，水素結合による水分子－水分子の距離が液体の水よりも大きくなることが，液体から固体に変化する際に密度が小さくなる（**図 5-7 右**）という異常現象の原因である。

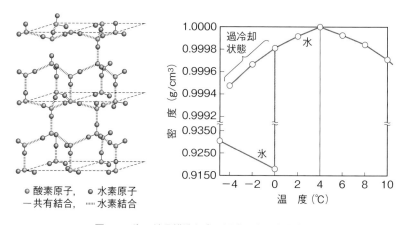

図 5-7 氷の結晶構造と水の温度による密度変化

5-3-2 アイスクリームとカレー —凝固点降下と沸点上昇—

　アイスクリームを作るのに冷凍庫を使わず，水の**凝固点降下**を利用して簡単に作ることができる。氷に塩を混ぜると簡単に 0 ℃以下を実現できるので，アイスクリームの材料（例えば生クリームと砂糖と卵を混ぜた液体）を固まらせることができる。水に不揮発性の物質を溶かした水溶液は，水に比べて凝固点が下がる性質がある。濃度 25 ％の飽和食塩水になると，－22 ℃まで下げることができる。このような凝固点が下がる現象（凝固点降下；**図 5-8**）は，本来純水であれば水分子だけが図 5-7 左に示されたような結晶となって氷を形成していくが，イオンや分子などに水和した水分子が存在すると大きな結晶の形成を妨げるからである。

　水溶液の性質として**沸点上昇**（**図 5-9**）も，水和した水分子の挙動から似たように説明できる。不揮発性の物質（食塩や砂糖など）を溶かし

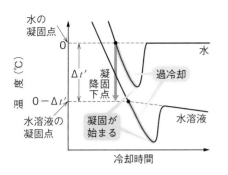

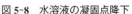

図 5-8 水溶液の凝固点降下

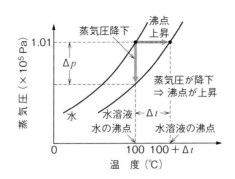

図 5-9 水溶液の蒸気圧降下と沸点上昇

た水溶液では，溶質に水和した水分子が純粋な水分子に比べて蒸発しにくいため蒸気圧が下がる。そのため，温度を上げていって蒸気圧が気圧と等しくなる温度が高くなるという現象が起こる。蒸気圧が大気圧と等しくなるときその水溶液が沸騰するので，水溶液では純水よりも沸点が高くなる。この現象は，カレーやスープなど様々なものを溶かした料理の沸点を測定すると 100 ℃ より高くなることでも確認できる。

5-3-3 状態変化を冷却に利用するクーラー

エアコンや冷蔵庫は，冷媒 (フロン類や代替フロン[*6]) の状態変化の熱の出入りを冷却に利用している。図5-5の水の状態変化と同じように，冷媒も液体から気体になるとき，体積変化を伴い周りから熱を奪う。冷媒の場合にはその蒸発熱 (蒸発潜熱ともいう) が大きいほど冷却効果が高い。以前は蒸発熱の大きいフロン類が世界的に広く使われていたが，フロン類がオゾン層破壊の原因となることが明らかになってから，代替フロンが冷媒の主流となっている。

図 5-10 に示すように冷媒は配管内につねに閉じ込められていて，室外機のコンプレッサーによって強制的に圧縮される。その凝縮熱は周り

⚜ 融雪剤

冬季に橋や路面の凍結を防止するために使われる**融雪剤**の塩化カルシウム $CaCl_2$ の水溶液では，最大で -51 ℃ まで凍らず液体にしておくことができる。

[*6] 近年は R32 と呼ばれるジフルオロメタン CH_2F_2 が主流。

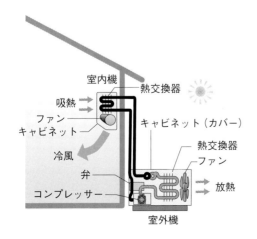

図 5-10 エアコンで冷媒が
循環する仕組み

に熱を放出するため室外機から熱い風となって放出される。一度圧縮された冷媒は弁によって圧力を下げると蒸発して気体となり，配管を通って室内機に到達する。この冷媒はすでに状態変化を経て冷却されているため，室内機の熱交換器の部分で，室内の暑い空気から熱を奪うことができる。室内機では冷媒から受け取った冷気を冷風にして送っている。温められた冷媒は配管を通って室外機に戻り，圧縮後また蒸発される過程を繰り返す。冷蔵庫も同じように冷媒の状態変化による熱の交換を原理としている。

【5-4】 化石燃料の化学
―天然ガス，石油，石炭の化学的構造と特徴―

　私たちは家庭の中で調理や空調などのために多くのエネルギーを利用している。それだけではなく国の経済活動の中でも鉄鋼，建材，自動車，船舶などの様々なものを生産したり様々なサービスを提供したりするために，エネルギー源が不可欠である。例えば**化石燃料**のようなエネルギー源は熱の元となるだけでなく，ものを輸送するための移動手段の燃料ともなっている。世界規模で必要な多くのエネルギーは，その資源として化石燃料を使っている。化石燃料とは**石油，石炭，天然ガス**の総称である[*7]。燃焼反応によって得られる熱エネルギーの大きさは，例えば**表5-2**に示されるように異なっている。

*7　頁岩（シェール）層から採掘されるシェールガスやシェールオイルも含まれる。

表5-2　各化石燃料の特徴（文献5)より）

	原子の比 C H O			原子の重量比 C H O			発熱量 (GJ/t)	CO_2 排出量 (kg/GJ)
石炭	1	1	<0.1	85	6	9	28	120
石油	1	2	0	85	15	0	42	75
天然ガス	1	4	0	75	25	0	55	50

注）石油と石炭の発熱量は1990年代後半のイギリスでの平均値
　　天然ガスの発熱量は加圧された1トンあたりの値

　化石燃料はいずれも天然で長い時間をかけて形成されたもので，何億年もの時間を経ているものもある。ヒト（ホモ・サピエンス）の直接の祖先が現れたのが40万年～25万年前，人類が火を利用し始めたのが旧人類からの歴史を考えても180万年ほど前になる。化石燃料の形成には非常に長い年月（少なくとも数千万年以上）を要すること，それを近現代人があっという間に使い切ってしまおうとしていることがわかる。

　天然ガスの主成分はメタンであることをすでに述べた。石炭は黒いダイヤと称されるほど黒く硬い固体であり，いわゆる硬い炭である。化学構造は複雑であり，その一部の例を**図5-11**に示した。一方，石油は液状であり，産地によって混合物の成分や全体の粘性が異なる。粘性が非

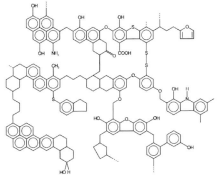

図 5-11　石炭（瀝青炭）の化学構造の例（© Karol Głąb 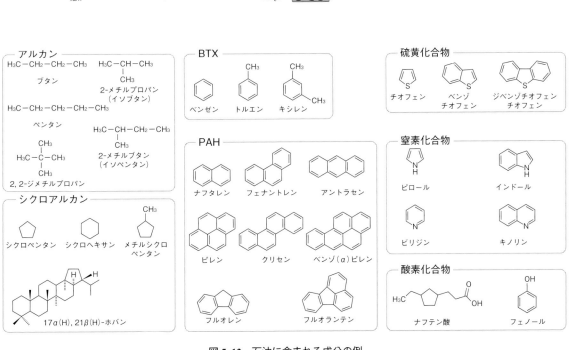）

図 5-12　石油に含まれる成分の例

常に高く流動性が低いものは採掘が簡単ではなく，加熱したり CO_2 を注入するなど粘性を下げて汲み出す技術が必要である。**図 5-12** に石油に含まれる成分の例を示した。石油は数多くの有機化合物の混合物であるため，用途に応じて成分を分離しなければならない。その分離技術の例が分留といって沸点の違いを利用する方法である。

　また，石炭や石油には硫黄 S や窒素 N を含む成分が含まれていることが多く，これらは酸性雨の原因となる硫黄酸化物 SOx や窒素酸化物 NOx を発生させるため，石油や石炭を燃焼する際にはこれらを化学的に除去する技術が必要となる（12-1-1 項）。さらに化石燃料の燃焼に伴う二酸化炭素の発生が**地球温暖化**の原因の一部であるとして，すでに脱炭素社会へのシフトが強く求められている（12-1-5 項）。化石燃料の燃焼時にいかに CO_2 を発生させないかという高い技術が求められるようになっている。

コラム さまざまな調理技術

　冷めてしまった料理を温め直すのに**電子レンジ**を使うこともあるだろう。食品にはふつう水が含まれていて，この水の分子が電子レンジのマイクロ波を吸収して，激しく振動することによって温められるのが原理である（**図1**）。これには水がその分子の中でミクロに**"分極している"**こと（第2章 図2-8）が関係していて，水の持つ高い誘電率が影響している。電磁波によって水素結合が切れるほど激しく水分子が動かされた結果，熱に変換される（赤外線によっても水分子の結合の振動や回転により温めることは可能であるが，電子レンジの原理とは異なる）。電子レンジの中にアルミホイルを入れて火花が飛び散るのを見たことがあるだろうか。金属は電磁波を反射すると同時に表面上の自由電子の運動が激しくなることもあるため，アルミホイルや金属容器の加熱は電子レンジの故障の原因になる。

　スチームオーブン（**図2**）というのをご存知だろうか。これは 100 ～ 300 ℃以上の過熱水蒸気を発生させ，それが油や塩分となじむため，表面はカリっと焼き上げながら食材の余分な油や塩分を落とす効果がある。

　圧力鍋（**図3**）は，鍋をできるだけ密閉して水蒸気を閉じ込めることで内部の圧力を上げるという仕組みの調理器具である。水蒸気が外に逃げられないことで沸騰が妨げられ，沸点も上昇する。蓋のおもりは，シュッシュと音を立てて内圧が上がっていることを知らせると同時に爆発を防ぎ，調理に必要な温度と圧力を制御するのに役立っている。沸点が 5 ℃上がると調理時間は約半分に，また 10 ℃上がると四分の一にまで短縮できる。これが時短料理の秘訣となっているだけでなく，食物の硬い繊維や骨の成分まで柔らかくすることができる。

　もし圧力鍋のおもりがなく完全に密閉されると，温度が上がるごとに圧力が高くなる。この原理を利用したものが水熱反応で，374 ℃までは気体と液体が共存する（**図4**）。例えば，250 ℃では 4 MPa（約 40 気圧）にもなる。

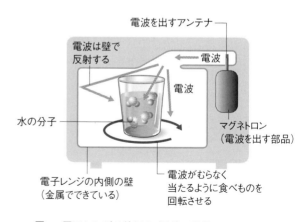

図1　電子レンジの仕組み（子供の科学の Web サイト「KoKaNet」より改写）

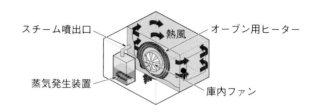

図2　スチームオーブンの構造（株式会社マルゼン HP より転載）

図3　圧力鍋の仕組み

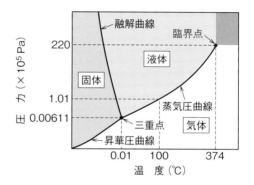

図4　水の状態変化と圧力・温度の関係

例題 5-1　焼き鳥などは，備長炭などを燃料に使った炭火焼で調理するとガスコンロ上で焼くのに比べて表面がカリッと仕上がる。5-2 節の反応式 (1) と (2) の違いから理由を考察してみよう。

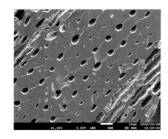

炭火焼に使われる備長炭の電子顕微鏡写真（鈴木俊明・本橋光也『実践 SEM セミナー』（裳華房，2022）より転載）

例題 5-2　メタンとプロパンの燃焼反応の発熱量の違いと二酸化炭素の発生量の違いに着目して，どちらが環境に優しいか議論してみよう。

例題 5-3　プロパンの燃焼反応の反応式 (3) について，化学式の係数を確認してみよう。

例題 5-4　カセットコンロ用の燃料ガスの成分がブタン（ノルマルブタン）だけと仮定して，次の問いに答えよ。
1) 250 g 入りのカセットボンベ 1 本のブタンが常温ですべて気体になると約何 L の体積になるか計算せよ。
2) ボンベ 1 本を使いきると，最大でどれくらいの二酸化炭素 (L) が発生するか。ブタンの燃焼反応の反応式を書いて考えよ。
3) ボンベ 1 本を使って得られる熱量 (kJ) の単位を cal に計算せよ。上記で得られた熱量で 100 L の水（20 ℃ とする）を加熱すると何 ℃ まで温めることができるか。ただし，ノルマルブタンの燃焼反応の反応熱は 2877 kJ/mol とする。

例題 5-5　打ち水をすると，どれくらい周りの熱を奪うかを計算してみよう。仮に 1 L（= 1000 g = 1 kg）の水を家の前の路面に打ち水したとする。そのすべてが蒸発したとして，どの程度の熱を奪うことになるか。25 ℃ における蒸発熱は 44 kJ/mol とする。

●文献・サイト

1) 東京ガス HP「ガスのこと　都市ガスの種類・熱量・圧力・成分」
https://home.tokyo-gas.co.jp/gas/userguide/shurui.html
2) 一般社団法人 日本木質バイオマスエネルギー協会 HP「木質バイオマスへの高まる期待と将来展望」
https://www.jwba.or.jp/
3) 独立行政法人 製品評価技術基盤機構バイオテクノロジーセンター HP
https://www.nite.go.jp/
4) 株式会社マルゼン HP「栄養士のお悩み解決室　スチームコンベクションオーブン」
http://www.maruzen-kitchen.co.jp/support/stcon/kaiketsu/stcon_03.htm?h
5) J. Ramage and J. Scurlock：Biomass. *In* G. Boyle（ed.），Renewable Energy-Power for a Sustainable Future. Oxford Press（1996）

第 **6** 章 　食品と農業の化学

食品と農業の化学

私たちが日々口にしている食べ物を化学的に見てみよう。食べ物に含まれているものには，三大栄養素の他にもビタミンやミネラルなどの必須栄養素などたくさんの種類がある。現代人は多様なものを食べるようになったが，その一方で偏った食事のとり方が原因と考えられる疾病に悩まされる人も増えている。また，世界の中には経済的あるいは地理的な問題で十分な食事をとることのできない人も多くいる。農業は穀物を中心に人々の食事を支える大きな産業であるが，その農業の発展には肥料や農薬の開発，農作物の品種改良において化学の基礎が大きく貢献してきた。本章では身近な食品の化学的な特徴を紹介し，さらに農業や食品に関する化学の力について理解を深めていく。

【6-1】 三大栄養素の化学

6-1-1 炭水化物

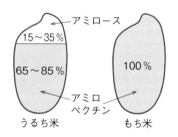

うるち米ともち米におけるデンプン中のアミロースとアミロペクチンの割合の違い。この違いがもち米の粘り気のある食感を作っている。

　古来，日本の主食の主流は米であったが，近年ではパン，麺類，シリアルなどを主食にする人も増えてきた。これら主食のほとんどが炭水化物を主要な栄養素とする。日本の米は，玄米か白米か（精米しないかするか），うるち米かもち米かなどに分けられ，それぞれが異なる成分をもつ（左図）。同じうるち米でも，その米の種類によって成分が多少異なっている。図 6-1 のように，玄米は胚芽と皮を有することから，白米に比べてミネラル，ビタミン，食物繊維などが豊富である（表 6-1）。玄米も白米もデンプンを豊富に含み，それが高いエネルギー値（カロリー）の源となっている。デンプンをたくさん含むものは米の他に，イモ類，麦類，トウキビ類，豆類などがある。

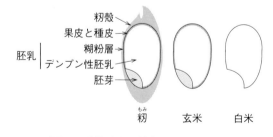

図 6-1 脱穀または精米前後の米の構造

表 6-1 玄米と白米の特徴

		玄米	精白米
エネルギー	(kcal)	353	358
食物繊維総量	(g)	3.0	0.5
マグネシウム	(mg)	110	23
亜鉛	(mg)	1.8	1.4
ビタミン B1	(mg)	0.41	0.08
ビタミン B2	(mg)	0.04	0.02
ビタミン B6	(mg)	0.45	0.12

100 g あたり/『日本食品標準成分表 2015 年版（七訂）』より計算

　図 6-2 はデンプンとセルロースの違いを，図 6-3 は二種類のデンプンつまりアミロースとアミロペクチンの違いを模式的に示したものであ

CH₂OH ... デンプン ... セルロース

図 6-2　デンプンとセルロースの違い

る。図のようにデンプンは**グルコース**
（**ブドウ糖**）がたくさんつながった**多**
糖類であり，**高分子化合物**でもある。
米のデンプンは，その糖鎖のつながり
方によって，直鎖状の**アミロース**と枝
分かれ状の**アミロペクチン**に分けられ
る（**図 6-3**）。デンプンそのものは分
子が大きすぎて体内ではエネルギー源
としてすぐ使えないので，唾液を含む
様々な消化液中の酵素が働いて大きな
分子から小さな分子のグルコース（ま
たは数個つながったオリゴ糖など）に
変換される。体内ではこのグルコース
がエネルギー源となっていて，生物に
とって最も重要で基礎的な化合物の一
つである。**図 6-4** には代表的な単糖
類の構造を，**図 6-5** には二糖類の例
を示した。

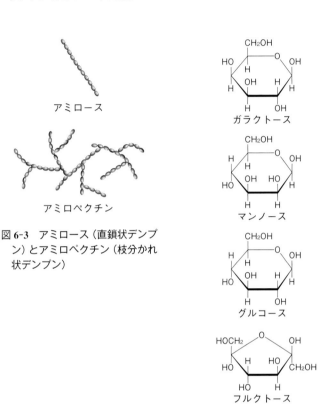

アミロース

アミロペクチン

図 6-3　アミロース（直鎖状デンプ
ン）とアミロペクチン（枝分かれ
状デンプン）

ガラクトース

マンノース

グルコース

フルクトース

図 6-4　単糖類（$C_6H_{12}O_6$ または
$C_6(H_2O)_6$）の例

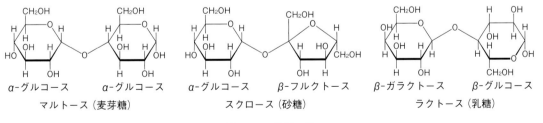

α-グルコース　　α-グルコース　　　　α-グルコース　　β-フルクトース　　　β-ガラクトース　　β-グルコース

マルトース（麦芽糖）　　　　　　スクロース（砂糖）　　　　　　ラクトース（乳糖）

図 6-5　二糖類の例

6-1-2　タンパク質

　3-3-2 項で述べたように，タンパク質はアミノ酸がいくつものペプチ
ド結合（**図 6-6** の網掛けの部分）でつながって作られた長い高分子化合
物である。その長い分子がさらに立体的に折りたたまれた構造をしてお

二次構造

三次構造

四次構造

図 6-7　タンパク質の高次構造

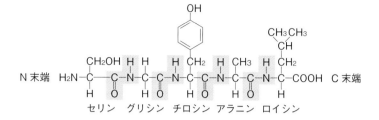

図 6-6　ポリペプチド（タンパク質の一次構造）の例

り，一次構造だけでなく，二次構造から四次構造まである（**図 6-7**）。タンパク質は必須栄養素の一つであり，日々摂取する必要がある。我々の体の筋肉や血液などの構成成分となるだけでなく，絶え間なく起こっている生体内の合成・分解の化学反応の生体触媒となる酵素もタンパク質からなっている。

　タンパク質を構成するアミノ酸の中には，体内で合成できないものが9種類あり，これらは**必須アミノ酸**と呼ばれ，摂取量が少ないと栄養障害を起こすことがわかっている。動物性タンパク質と植物性タンパク質ではその必須アミノ酸の種類や割合が異なっており，バランスのとれた多様な食物からのタンパク質摂取が望ましい。また，体内で営まれている生化学反応の多くでエネルギーが必要であるが，糖質（グルコース）が足りなくなるとタンパク質の代謝によって分解されたアミノ酸がエネルギー源となり ATP の合成に関与する（第3章 図3-10）。

6-1-3　脂　質

　脂質は，一般的に水に溶けないまたは溶けにくい有機化合物であり，大きく単純脂質，複合脂質，誘導脂質の三つに分類される。食事から摂取する脂質の大半は単純脂質のいわゆる中性脂肪で，別名トリグリセリド，または3つアシル基（R-CO- で表される構造，R は炭化水素）があることからトリアシルグリセロールと呼ばれる（**図 6-8**）。

　中性脂肪は膵液の消化酵素によってグリセリンと脂肪酸に分解され小腸で吸収される。小腸でグリセリンと脂肪酸は中性脂肪に再合成され，リンパ管，静脈を経て肝臓に運ばれる。その他，分解された脂質は，皮下，筋肉の間などに運ばれて体脂肪として貯蔵され，エネルギーが不足するとエネルギー源として消費される（**図 6-9**）。トリグリセリドは，加水分解によってエステル結合の部分が分解して，グリセリンと3つの脂肪酸に分解される。これらの分解生成物がいずれも ATP の生成に大きく関与する。

6-1-4　その他の栄養素

　すでに述べたように，我々が摂取する栄養素の役割は，エネルギー源

トリグリセリド ＝
トリアシルグリセロール
（3つのアシル基とグリセリン骨格）

エステル結合

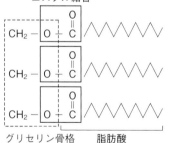

グリセリン骨格　　脂肪酸

図 6-8　トリグリセリドの分子構造
脂肪酸の構造は脂質の種類によって異なる。

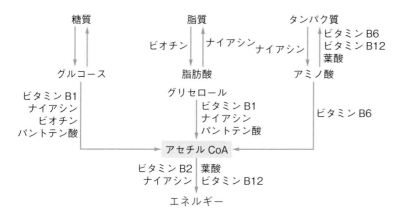

図 6-9　三大栄養素のエネルギー生産とそれに必要なビタミン類

表 6-2　代表的なビタミンの種類とその作用

〈脂溶性ビタミン〉

種類	作用
ビタミン A	目・皮膚や粘膜の健康を保つ。
ビタミン D	カルシウムの吸収を高めて丈夫な骨を作る。
ビタミン E	抗酸化作用があり，老化予防に役立つ。血行をよくする。
ビタミン K	止血作用。カルシウムの沈着を助け骨の健康を保つ。

〈水溶性ビタミン〉

種類	作用
ビタミン B1	糖質代謝を助け，神経の働きを正常に保つ。
ビタミン B2	糖質・脂質・タンパク質の代謝を助ける。
ビタミン B6	タンパク質の代謝を助ける。
ビタミン B12	造血作用。神経伝達物質の合成。
葉酸	造血作用。
ビタミン C	コラーゲン合成，解毒や免疫機能を高める。

になること，体の組織（筋肉，血液，骨など）を作ることが大きいが，その他にもどうしても必要な栄養素があり，例えばビタミンとミネラルは，体の調子を整え健康な体を維持するために必須である。**表 6-2** にエネルギー生産に必要なビタミンの例を示した。ビタミンは血管や粘膜，皮膚，骨などの体の構成成分の健康を保ち，新陳代謝を促す働きをする。体内でほとんど合成されないか，合成されても必要量に満たないために食事を通じての摂取が必須となる。ただし，大腸に常在する腸内細菌のなかには，ビタミンを合成する能力を有する細菌が存在する。ビタミンB 群[*1]とビタミン K が腸内細菌により生産されることがわかっている。

　ミネラル（mineral）という言葉はそもそも鉱物という意味で，岩や土に含まれる無機質成分を示す。我々の体を構成する有機物の主要四元素の酸素・炭素・水素・窒素を除く元素を指すことが多い。ミネラル元素のいくつかは生体組織を構成するのに使われるだけでなく，生体機能の調整をもつかさどる（**表 6-3**）。16 種類のミネラル[*2]が我々の体に必須と考えられているが，根菜類，海藻類，地下水などからたくさん摂取しないと欠乏しがちになることがわかっている。ミネラルは生体機能の調節の際，ビタミン，酵素，ホルモンなどの機能を補いながら体の調子を整えるものが多い。

[*1]　ビタミン B1，ビタミン B2，ナイアシン，パントテン酸，ビタミンB6，ビオチン，葉酸，ビタミン B12。

[*2]　ナトリウム，マグネシウム，リン，硫黄，塩素，カリウム，カルシウム，クロム，マンガン，鉄，コバルト，銅，亜鉛，セレン，モリブデン，ヨウ素。

表 6-3　ミネラルの代表的な生理機能（文献[3]より）

生理機能		元素の例
生体組織の構成成分	骨・歯などの構成	カルシウム，リン，マグネシウム
	有機化合物と結合	ヘモグロビンの鉄，リン脂質のリン
生体機能の調節	pH・浸透圧の調節	カリウム，ナトリウム，カルシウム，リン，マグネシウム
	神経・筋肉の興奮性の調節	カリウム，ナトリウム，カルシウム，リン，マグネシウム
	酵素の構成成分	マグネシウム，鉄，銅，亜鉛，マンガン，セレン
	生理活性物質の構成成分	鉄，ヨウ素，亜鉛，モリブデン

参照：財団法人食品分析開発センター SUNATEC

【6-2】　味の化学

　味覚は，塩味（しょっぱい），甘味（甘い），酸味（すっぱい），苦味（苦い），うま味（うまい）の五つの基本味からなる。辛味（辛い）ということもあるが，これは温覚や痛覚などの「感覚」を刺激して得られるものなので味覚には含まれないことが多い。味覚を引き起こす物質には，例えば塩味のナトリウムイオン，甘味の糖類，酸味の酸類，苦味のキニン，うま味のグルタミン酸などがある。このような味物質が口の中の舌に触れると，舌の表面の突起にある**味蕾**（みらい）と呼ばれる味の受容体がセンサーの役割を果たして味を感じることができる。ヒトの舌には味蕾が約5000個あると推定されている。かつては五つの味を感じる場所は舌の部位ごとで決まっていると考えられ味覚地図なども提唱されていたが，現在ではどの味蕾にも五つの味に対応する細胞が存在することや，舌のどの部分でも複数の味が感じられることが発見されて，論文などで報告されている。

6-2-1　人工甘味料

　甘味をもたらす糖の代表的なものが砂糖，果糖，グルコース（ブドウ糖）などであろう。近年では人工甘味料またはダイエット糖といって，体でほとんど代謝されないでエネルギーにならない人工的な糖が商品化されている（**図6-10**）。ゼロカロリーとうたっている飲料品もたくさん販売されている。

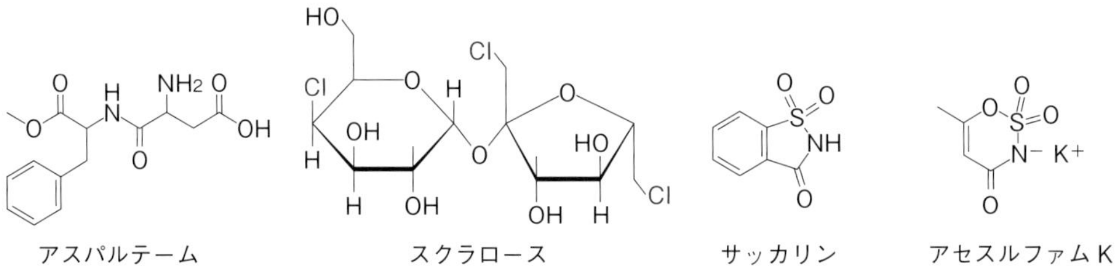

アスパルテーム　　　　　　スクラロース　　　　　サッカリン　　　アセスルファムK

図6-10　人工ダイエット糖の例
　スクラロースの塩素原子は天然のスクロースでは -OH。

　スクラロースはショ糖（砂糖）の600倍の甘さを持つ人工甘味料である。サッカリンは発がん性が疑われ現在では使用されていない。また，人工甘味料はダイエットに効果的という意見や，直接インシュリンや血糖値に影響を与えないことから糖尿病を予防できるという主張も多い。一方で人工甘味料が腸内細菌叢（そう）バランスを変化させるという論文も発表されている。

6-2-2　塩味と酸味

　塩分は我々に必須であるが，その過剰摂取によって高血圧や腎臓（じん）への

負担など健康へのリスクを招くとして，塩分摂取への配慮が必要と考えられている。

　食事用に使われる食塩の種類も多様で，塩化ナトリウムが99.5％以上の精製塩の他，海水を濃縮した塩（海水に含まれる塩類を**表6-4**に示す），岩塩など成分はそれぞれ異なる。塩の種類によってはナトリウム以外に，マグネシウム，カルシウム，カリウムなどの必須ミネラルを併せて摂取できることから，健康や味の点で積極的に利用する人も増えている。

　酸味の物質は意外と種類が豊富である。乳酸，クエン酸，酢酸，リンゴ酸などは我々の健康によい様々な働きをする。一方で酸味は食物が腐敗しても生じるために，ヒトには匂いや味から危険な食べ物を察知する本能も備わっている。様々な酸溶液のpHを段階的に下げていった際に，酸の種類によってヒトが酸味を感じ始めるpHが異なっていることも実験的に示されている。また，酸味の物質と塩味の物質を混ぜ合わせることによって塩味を強く感じるようになることから，減塩効果があることもわかっている。

表6-4　海水に含まれる溶質中のイオンの割合（場所や季節により多少異なる）（文献[8]より）

成分	化学式	質量%
ナトリウムイオン	Na^+	30.61
マグネシウムイオン	Mg^{2+}	3.69
カルシウムイオン	Ca^{2+}	1.16
カリウムイオン	K^+	1.1
ストロンチウムイオン	Sr^{2+}	0.03
塩化物イオン	Cl^-	55.05
硫酸イオン	$SO_4{}^{2-}$	7.68
臭化物イオン	Br^-	0.19
炭酸水素イオン	$HCO_3{}^-$	0.41
フッ化物イオン	F^-	0.003
ホウ酸	H_3BO_3	0.07

6-2-3　うま味

　うま味物質としてよく知られているものにグルタミン酸，イノシン酸，グアニル酸などがある（**図6-11**）。グルタミン酸を多く含むものには昆布やチーズ，醤油が，イノシン酸を多く含むものにはカツオ節や鶏肉が，グアニル酸を含むものには干シイタケなど乾燥キノコ類がある。例えば日本料理では昆布（グルタミン酸）とカツオ節（イノシン酸）を一緒に使うように，うま味は一種類で味わうよりも，グルタミン酸，イノシン酸，グアニル酸を混ぜて味わう方が，うま味が強くなることが古来より知られている。

🎯 イギリスの塩分政策

イギリスでは2003年に食品における食塩含有量を減少させることを目標とする政策によって，数年後には脳卒中や虚血性心疾患による死亡率を40％も減少することに成功したとしている。

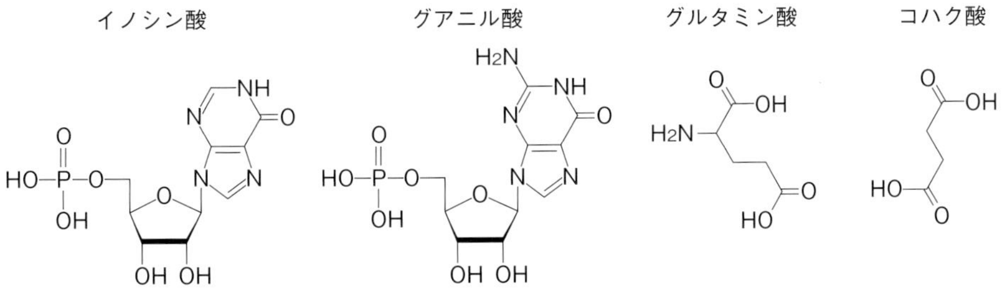

図6-11　うま味成分の代表的な物質の分子構造

　うま味成分を化学的な特徴から分類すると，アミノ酸系，核酸系，有機酸系に分けることができる。グルタミン酸はアミノ酸系で，イノシン酸やグアニル酸は核酸系，貝類などに含まれるコハク酸は有機酸系である。

【6-3】 発酵食品の化学

6-3-1　味噌と醤油

　第5章では火による加熱調理によって料理の幅が飛躍的に大きくなったことに触れたが，発酵もまた料理の幅と喜びを増やすひとつの大きな発見であった。私たち日本人にとっては味噌と醤油はなじみ深く，またその歴史は長く，飛鳥時代（西暦530〜550年ごろ）の書物に古代中国に伝わる「醤」の作り方が示されている。ジャンが時を経て日本の醤として使われるようになったが，大宝律令により（西暦700年ごろ）宮内省の大膳職に属する醤院で原料となる醤が作られたとされている。醤油は味噌の熟成中に溜まる汁から発生したものである。**図6-12**に味噌の熟成中に味の成分が生成する仕組みを示す。米や大豆が麹菌のアミラーゼやプロテアーゼなどの酵素によって次第に分解されて甘味やうま味となる成分が作られることがわかる。

米デンプン（無味）　　麹菌の　アミラーゼ　→　グルコース，オリゴ糖　甘味

酵素分解（発酵・熟成）

大豆タンパク質（無味）　麹菌の　プロテアーゼ　→　アミノ酸，ペプチド　うま味　酸味　甘味　苦味

図6-12　味噌の熟成中にうま味などの味成分ができる仕組み

6-3-2　ヨーグルト

　次に，発酵乳製品の代表格であるヨーグルトの製造プロセスにおける化学反応について見てみよう。牛乳には水分の他に，タンパク質（カゼインタンパクや乳清タンパク）と脂肪と乳糖が含まれている。乳酸菌の酵素ラクターゼが乳糖を分解すると，最初はガラクトースとグルコース

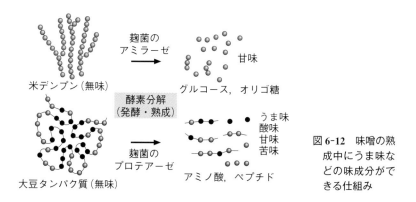

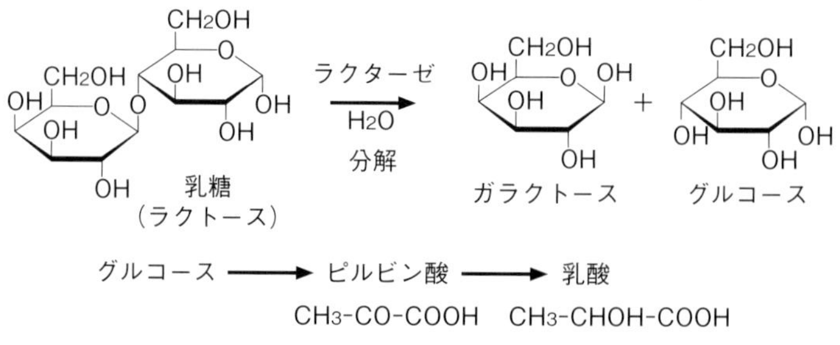

乳糖（ラクトース）　ラクターゼ　H_2O　分解　→　ガラクトース　＋　グルコース

グルコース　→　ピルビン酸　→　乳酸
$CH_3\text{-}CO\text{-}COOH$　$CH_3\text{-}CHOH\text{-}COOH$

図6-13　ヨーグルト形成における代表的な化学反応

に分解されるが，さらにそのグルコースが発酵によって乳酸にまで変化する（図 **6-13**）。牛乳はほぼ中性で pH は 6.8 程度であるが，その際にこれらの成分はコロイド溶液として分散している。乳酸の形成によって pH が下がって酸性になると，粒子状で最初は分散していたカゼインタンパク質が集まって凝集するようになる。これが，ヨーグルトが半固体のゼリー状になる仕組みである（ゼリー状になることを**ゲル化**という）。表面の液体は乳清と呼ばれてタンパク質が含まれている。ヨーグルトのpH は 4 程度である。

6-3-3 アルコール醸造

　お酒の歴史は古く，ワインは紀元前 4000 年ごろにはメソポタミア地方ですでに飲まれていたと考えられている。お酒の種類と同様にその原料や発酵の仕組みも多種多様である。代表的なアルコール類として，ワイン，ビール，日本酒の基本的な製造プロセスを図 **6-14** に示した。ワインの発酵過程は他のアルコールに比べると単純で，ブドウに含まれるブドウ糖（グルコース）が酵母に含まれる酵素の働きによって次の式のようにエタノールに変換することによってワインが作られる。

$$C_6H_{12}O_6 \xrightarrow[\text{酵母}]{} 2C_2H_5OH + 2CO_2$$

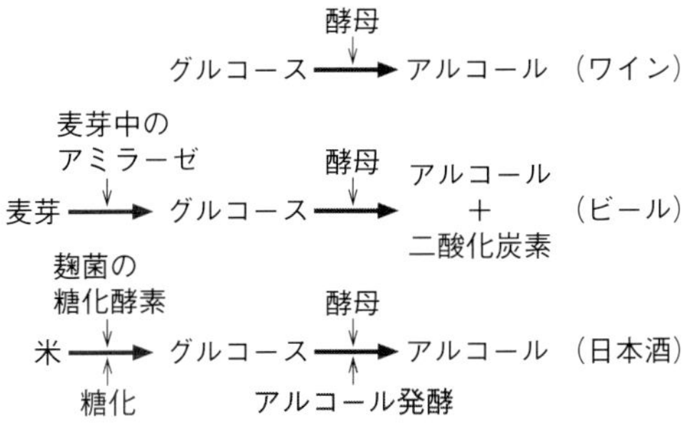

グルコース $\xrightarrow[]{\text{酵母}}$ アルコール （ワイン）

麦芽 $\xrightarrow[]{\substack{\text{麦芽中の}\\\text{アミラーゼ}}}$ グルコース $\xrightarrow[]{\text{酵母}}$ アルコール ＋ 二酸化炭素 （ビール）

米 $\xrightarrow[\text{糖化}]{\substack{\text{麹菌の}\\\text{糖化酵素}}}$ グルコース $\xrightarrow[\text{アルコール発酵}]{\text{酵母}}$ アルコール （日本酒）

図 **6-14** 代表的なアルコールの基本製造プロセス

　一方，ビールは麦芽中のデンプンが原料であるので，それを糖化するのに麦芽にもともと含まれているアミラーゼを活用してグルコースを得ている。グルコースをエタノールに変換するのにはビール酵母が使われる。日本酒は米のデンプンが原料であり，麹菌の糖化酵素がグルコースを作るのにはたらく。ブドウ糖をエタノールに変換するのには日本酒用の酵母が使われる。このように日本酒の場合には，麹菌の酵素によってデンプンがグルコースに変化する糖化反応と，グルコースが酵母のはたらきによってエタノールに変化する発酵とが，同時に並行して行われる。

　また，日本酒をしばらく放っておくと酸っぱい匂いがし始めることがある。これは次式のようにエタノールが酢酸菌によって酢酸に変換するためで，この原理を利用して日本酒から醸造酢が作られている。

$$C_2H_5OH \xrightarrow[\text{酢酸菌}]{} CH_3COOH + H_2O$$

【6-4】 土や農業の化学

6-4-1　植物の葉や根における物質の出入り

　6-1 節の三大栄養素のところで説明したように，我々が食しているもののうち肉，魚介類，乳製品，鶏卵などは動物由来であるが，穀物，野菜，果物など植物由来のものも多くある。これらの多くは**農業**の営みによっている。植物は**光合成**を通じて大気中の二酸化炭素を取り込み，細胞内の葉緑体で，次の反応式で示されるようにグルコースに変換している。

$$6\,H_2O + 6\,CO_2 \longrightarrow 6\,O_2 + C_6H_{12}O_6$$

　植物はさらにこのグルコースを元にデンプンやセルロースなど様々な有機化合物を合成している。合成された有機物は葉や実，根などに蓄えられる。植物が根から吸収できるのは，水と水に溶けた窒素分とミネラルであり，炭素分はほとんど吸収できない。植物の体を作っている有機物の炭素源は大気中の二酸化炭素といえる。植物の根は水を吸収するだけではなく，必要な栄養素を選択的に吸収しやすくする仕組みを作っている。例えば，根の表面の酸によって pH を調製し，土の表面とイオン交換を行ってカリウムやマグネシウムなどの必要なミネラルを得ている（**図 6-15**）。

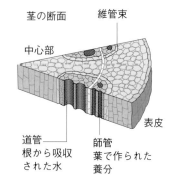

茎の断面　維管束
中心部
道管
根から吸収
された水
師管
葉で作られた
養分
表皮

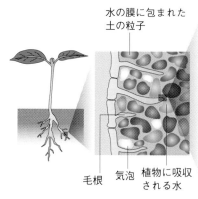
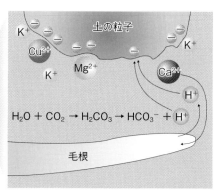

水の膜に包まれた
土の粒子
毛根　気泡　植物に吸収
される水

土の粒子

$$H_2O + CO_2 \rightarrow H_2CO_3 \rightarrow HCO_3^- + H^+$$

毛根

図 6-15　植物の根が土壌の陽イオンを交換して吸収する様子（文献[9]より改写）

6-4-2　よい土とは

　一般に農業に向いているよい土とは，通気性があって水はけと水もちがよく，塩分を含まず，天然の多様な微生物と天然由来のミネラルや有機物や窒素分を適度に含んでいる土をいう。このことによって植物の根がよく張り，農作物のよい収穫が期待できる。肥料の三大要素は N・P・K（窒素，リン，カリ）といわれるが，その他にもカルシウム Ca やマグネシウム Mg，硫黄 S も必要である（**図 6-16**）。特に窒素分はアミノ酸に必須の元素であり，マメ科植物など多くのタンパク質を合成する植物

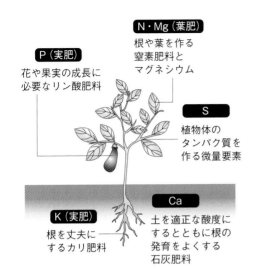

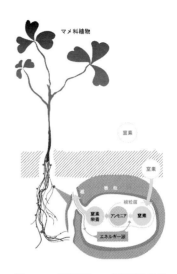

図 6-16　農作物に必要な
元素とその役割

図 6-17　根粒菌とマメ科植物の共
生の様子（鹿児島大学理工学部
内海俊樹教授の HP より転載）

にはたくさん必要となる。マメ科植物は根に**根粒菌**と共生する環境を
作って，根粒菌の合成する窒素養分を得ている。根粒菌はマメ科植物の
根にできたコブのような根粒の中で生育し，大気中の窒素をアンモニア
態窒素に変換（窒素固定）して植物の生育に欠かせない窒素を供給して
いる。同時にマメ科植物は光合成で得られた炭水化物を根粒菌に供給し
ている（**図 6-17**）。

　地理的な条件や農耕の繰り返しによって，土壌は必ずしも農作物の生
育にベストな状況とは限らない。そのために目的とする農作物に応じて
土壌改良剤や**肥料**（堆肥や化学肥料）が使われることも多い。

6-4-3　農薬の化学

　昨今，**農薬**がまるで悪者のように扱われることもあるが，農薬なくし
ては現在の農業は成り立たないため利用をやめることは難しい。青虫
（モンシロチョウの幼虫）に食われて穴だらけになったキャベツや，モ
グラにかじられたニンジン，出荷後に蛾が卵を産み付けた小麦粉を喜ん
で食べてくれる消費者がどれだけいるだろうか。農作物に被害を与える
生物は昆虫，微生物，ネズミなどの動物だけでなく，雑草も生育に影響
する。農業においては，これらの影響を少しでも軽減し，収穫量を担保
することが望まれている。

　作物が育つ過程で使われるもの，土壌に使われるもの，収穫後に消費
者に届けるまでの輸送中で使われるものなど，農薬の用途は多岐にわた
る。大きくはその用途に応じて殺虫剤，殺菌剤，除草剤に分けられる。
その他の用途としては殺鼠剤，植物成長調整剤などもある。使い方も，
粉状，粒状，錠剤，液状，霧状，マイクロカプセル，などなど多様であ
る。化学的な分子構造からは，有機リン系，カーバメイト系，ピレスロ
イド系，ネオニコチノイド系などに分けられる。

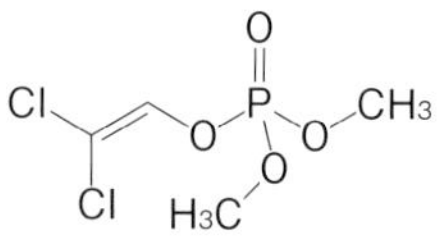

ジクロルボス
（ジメチル2, 2-ジクロル
ビニルホスフェイト）

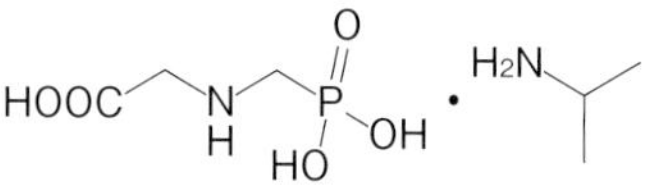

ラウンドアップ
（イソプロピルアンモニウム
N-（ホスホノメチル）グリシナート）

図6-18 代表的な有機リン系農薬
の分子構造

代表的な有機リン系の農薬の一例であるジクロルボスは神経系を通じて種々の生理機能に障害を与える殺虫剤で，ラウンドアップは，葉面から吸収され植物体でのアミノ酸を含むタンパク質やタンパク質代謝産物の合成を阻害する除草剤である（図6-18）。この除草剤に選択的に耐性を有する農作物が遺伝子組換えによって作られていて，すでに多くの国々で利用されている。一方で，DDT（ジクロロジフェニルトリクロロエタン）を代表とする様々な農薬が，生物多様性を脅かす深刻な環境汚染物質になりうることも問題視されている。アメリカのレイチェル・カーソンの『沈黙の春』によって農薬と環境の関係が取り上げられたことをきっかけに，農薬の適切な利用が世界中で求められている。

【6-5】 食品添加物による加工や保存の化学

食品添加物は，食品の製造，加工，保存の目的で使用される。保存料，甘味料，着色料，香料などたくさんの種類がある。食品添加物の安全性については，食品安全委員会がリスク評価（食品健康影響評価）を行っている。天然由来の添加物だけでも350種類以上あり，その他厚生労働大臣が認めた指定添加物も470種以上存在する。表6-5にかまぼこやソーセージなどによく使用される添加物のはたらきと種類を示した。

冷蔵庫や食品添加物のなかった時代には，食品を長期間保存することは非常に重要であったため，塩漬け，発酵，乾燥（干物），燻製などによって腐敗を抑える工夫がなされた。食を楽しむために，天然由来の食品添加物や，食品そのものの性質を利用して形状を変えることがある。表のかまぼこやソーセージには，デンプンを混ぜて触感を改善して弾力性を持たせることがある。似たような例で，ゼリー，プリンや茶わん蒸し，ヨーグルト，豆腐などは，元の原料が液体であるのに半固体のゲル状が完成形である。ヨーグルトがゲル化する仕組みは6-3-2項で述べたが，ゼリーには動物由来のゼラチン（コラーゲン）が必要である。低温でゲル状，高温で液体状になるゼラチンの性質を利用してゼリーを作ることができる。プリンや茶わん蒸しでは，卵に含まれるタンパク質が高温で熱変性

表6-5 かまぼこやソーセージなどに使われる食品添加物の例

はたらき	食品添加物名
弾力を与える	ピロリン酸ナトリウム
タンパク質の冷凍変性防止	D-ソルビトール
味をととのえる（調味料）	L-グルタミン酸ナトリウム
腐敗を抑える（保存料）	ソルビン酸
肉の色を保つ（発色剤）	亜硝酸ナトリウム
味をととのえる（調味料）	5'-イノシン酸ナトリウム
肉の組織を改良する（結着剤）	ポリリン酸ナトリウム
腐敗を抑える（保存料）	ソルビン酸

を起こして固まる現象を利用している。豆腐の場合は，「にがり」の塩化マグネシウムが水に溶けて出てくるマグネシウムイオン Mg^{2+} と豆乳のタンパク質が結合して大きな分子を形成する性質を利用している。

【6-6】 香料の合成

　植物や動物などに含まれる天然有機物の中には，人工的にまったく同じ化合物またはそっくりの性質を持った化合物を合成できるものが多くある。果物などに含まれる香りの成分のエステル化合物は比較的簡単に化学実験室で合成できる[*3]。下式のように，硫酸酸性下，カルボン酸とアルコールが反応してエステルを得ることができる。置換基や酸部の炭素の長さの組み合わせによって匂いが変わってくるため，多様な香料を合成することができる。

[*3] 酢酸エチル：リンゴの香り，酢酸ペンチル：ナシの香り，プロピオン酸エチル：パイナップルの香り，といった具合である。

$$\underset{カルボン酸}{R\text{-}\overset{O}{\overset{\|}{C}}\text{-}O\text{-}H} + \underset{アルコール}{H\text{-}O\text{-}R'} \underset{硫酸}{\rightleftharpoons} \underset{エステル}{R\text{-}\overset{O}{\overset{\|}{C}}\text{-}O\text{-}R'} + \underset{水}{H_2O}$$

コラム 遺伝子組換え作物

　すでにたくさんの種類の遺伝子組換え作物（GMO：genetically modified organisms）が世界で開発されているが，国ごとに生育，販売，輸出入などが許可されている作物が異なっている。日本ですでに流通しているものは表のとおりである。遺伝子 DNA はタンパク質合成において，そのアミノ酸配列による分子構造を決定する情報源となっている（第3章 図3-19）。表に示されている農作物の性質は，植物が体内で合成するタンパク質の分子構造を制御することで可能になったものである。タンパク質の構造を制御するためには DNA を書き換えなければならない。DNA の塩基配列を人工的に組み換えることによって新しい農作物が次々と作られてきた。

表　日本で販売されている遺伝子組換え作物

作物	性質
大豆	特定の除草剤で枯れない 特定の成分（オレイン酸など）を多く含む
じゃがいも	害虫に強い ウイルス病に強い
なたね	特定の除草剤で枯れない
とうもろこし	害虫に強い 特定の除草剤で枯れない
わた	害虫に強い 特定の除草剤で枯れない
てんさい（砂糖大根）	特定の除草剤で枯れない
アルファルファ	特定の除草剤で枯れない
パパイヤ	ウイルス病に強い

例題 6-1　図6-4を参考にして，二糖類の例としてスクロース（砂糖）と麦芽糖（マルトース）の構造を書いてみよう。

例題 6-2　玄米と白米のデンプン以外の成分の違いを調べてみよう。

例題 6-3　身近な食品を数種類選んで，食品表示からどのような添加物が入っているかを列挙してみよう。

例題 6-4　遺伝子組換え作物と農薬の関係について調べて議論してみよう。

●文献・サイト

1）鹿児島大学HP「植物と微生物の共生システムの謎に迫る」
　　https://grad.eng.kagoshima-u.ac.jp/researcher/

2）公益財団法人 腸内細菌学会HP「腸内細菌によるビタミン産生」
　　https://bifidus-fund.jp/keyword/kw073.shtml

3）株式会社 食環境衛生研究所HP「味に関わるおいしい話① 味覚とは？」
　　https://www.shokukanken.com/column/foods/002377.html

4）しょうゆ情報センターHP「しょうゆを知る 歴史」
　　https://www.soysauce.or.jp/

5）東京大学大学院 農学生命科学研究科HP 研究成果 2010/06/15「味細胞における酸味受容体PKD1L3/PKD2L1の分子メカニズムを解明」
　　https://www.a.u-tokyo.ac.jp/topics/2010/20100615-1.html

6）J. Suez *et al.*：Artificial sweeteners induce glucose intolerance by altering the gut microbiota. Nature, **514**, 181-186 (2014)

7）奈良県立医科大学県民健康増進支援センター：Health Letter Sep. Vol. 3「減塩すると高血圧が予防できる」(2016)

8）メイスン，B. 著，松井義人・一国雅巳 訳『一般地球化学』岩波書店 (1970)

9）L. M. Gerhart-Barley：Resource Acquisition in Plants. University of California Davis (2021)
　　https://bio.libretexts.org/Courses/University_of_California_Davis/BIS_2B%3A_Introduction_to_Biology_-_Ecology_and_Evolution/04%3A_Functional_Diversity-_Resource_Acquisition/4.02%3A_Resource_Acquisition_in_Plants

10）京都産業大学HP 総合生命科学部 ニュース一覧「総合生命科学部 伊藤 維昭 教授らが合成途上のタンパク質を検出する実験手法を開発」
　　https://www.kyoto-su.ac.jp/department/nls/news/20111208_news.html

11）Chem-Station「有機反応を俯瞰する－縮合反応」
　　https://www.chem-station.com/blog/2017/10/condensation.html

12）厚生労働省HP「遺伝子組換え食品の安全性について」
　　https://www.mhlw.go.jp/topics/idenshi/dl/h22-00.pdf

13）厚生労働省HP「新しいバイオテクノロジーで作られた食品について（パンフレット；2020)」
　　https://www.mhlw.go.jp/content/11130500/000657810.pdf

第 7 章　電気エネルギーの化学

第 5 章で熱エネルギーについて示した。ふだんの生活で私たちは熱エネルギーの他には電気エネルギーをよく使っている。代表的な電気エネルギーを使う例としては，照明，パソコンなどの電子機器の電源，空調設備などがある。2-4-3 項で学習したように，固体の金属は電気をよく通す物質である。ここでは電子が電気を運ぶ主役となるが，電子以外にも電気を運ぶ粒子が存在する。本章では，水溶液系の実験や化学反応の基礎をおさらいしながら電気化学に関連する反応を扱う。電気エネルギーに関わる化学として，電池，電気分解，電気自動車，太陽電池，原子力発電などについても学ぶ。

【 7-1 】　質量保存の法則と水溶液の反応

　化学反応の前後において，反応物の質量の総和と生成物の質量の総和は必ず同じになる。これを**質量保存の法則**と呼ぶが，大切なことは反応の前と後で「重さ」が変わらないことだけではなく，原子の種類や数が変わらないことである。

　例えば，硫酸と塩化バリウム水溶液を準備して**図 7-1** のような簡単な実験をしてみる。硫酸と塩化バリウムは下の反応式のように反応して硫酸バリウムの沈殿を形成する。しかし反応後の質量は変化しない。この場合，化学反応式の左辺の係数はどちらも 1 であるので，過不足なく反応させる場合には同じモル濃度の溶液を同じ体積だけ準備するとよい。例えば硫酸と塩化バリウム水溶液 1 mol/L のものを 100 mL ずつ，などである。

$$H_2SO_4 + BaCl_2 \longrightarrow BaSO_4 + 2\,HCl$$

　水の中で，金属またはその化合物はその種類や条件によって水と反応してイオン化したり析出したりする。図 7-1 の実験では，塩化バリウム水溶液の中で Ba と Cl はバリウムイオン Ba^{2+} と塩化物イオン Cl^- に分

① 反応前に一緒に質量をはかる　　② 一つのビーカーに混ぜ合わせて反応させる　　③ 反応後の全体の質量をはかる

反応後、沈殿（生成物）が確認できる

図 7-1　質量保存の法則を確かめる実験の例

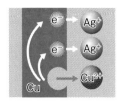
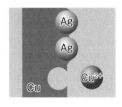

図7-2 銅の表面で銅はイオン化
し，銀が析出する様子

かれて存在していた。しかしそれを混ぜ合わせると，硫酸イオン SO_4^{2-} とバリウムイオンが反応して，あっというまに難溶性の硫酸バリウム $BaSO_4$ の沈殿が生成する。

次に，硝酸銀（$AgNO_3$）の水溶液の中に，銅（線状または板状のもの）を浸す実験を考えてみよう。銅の表面の状態によってはスパイク状の銀が析出し，銀樹と呼ばれる形を形成することもある。簡略化して示したものが**図7-2**である。硝酸銀の水溶液では，銀イオン Ag^+ と硝酸イオン NO_3^- に電離した状態で存在する。銀に注目すると，遊離した銀イオン Ag^+ がたくさん存在している。そこに金属の銅 Cu が存在すると，銀イオンが**還元反応**（電子を受け取る反応）によって金属の銀となって銅の表面に析出する。このとき銅は**酸化反応**（電子を与える反応）によって，銅（Ⅱ）イオン Cu^{2+} となり水溶液に溶け出す。この反応によって液体が徐々に銅（Ⅱ）イオンの色（青色）になる。この現象は，銀よりも銅の**イオン化傾向**（7-2節）が高いこと（**表7-1**），つまり銅イオン Cu^{2+} の方が銀イオン Ag^+ よりも安定であることによる。このように溶液中では，次の酸化反応と還元反応が同時に進行して電子の授受が行われている。

$$Cu \longrightarrow Cu^{2+} + 2e^- \quad （酸化反応）$$
$$2Ag^+ + 2e^- \longrightarrow 2Ag \quad （還元反応）$$

表7-1　金属のイオン化列（左ほどイオン化傾向が大きい）と反応性

イオン化列	K　Ca　Na　Mg　Al　Zn　Fe　Ni　Sn　Pb（H_2）Cu　Hg　Ag　Pt　Au		
空気中での反応	速やかに内部まで酸化	常温で徐々に酸化 表面に酸化被膜を生じる	酸化されない
水との反応	冷水と反応 水素を発生	温水と反応　高温の水蒸気と反応	反応しない
酸との反応	希酸に溶けて水素を発生		酸化力のある酸には溶ける｜王水にのみ溶解

【7-2】 電池と電気分解

イオン化のしやすさは金属の種類によって異なっている。このイオンになりやすい性質を**イオン化傾向**といい，その順に並べたものを**イオン化列**と呼んでいる（**表7-1**）。イオン化傾向の大きいものほど他の物質との反応性が高い傾向にある。

7-2-1　電池の仕組み

さきほどの銀の析出のように，イオン化傾向の異なる二種類の金属が同じ水溶液に存在する場合，酸化反応と還元反応が同時進行しているので，金属板を導線でつなぐとそこに電子の流れ（電流）が発生する。この電流を利用して，豆電球を光らせたり，モーターを回したりすること

ができる。このようなイオン化傾向の違いを利用して電気エネルギーを取り出す仕組みを**電池**として利用することができる。電池では，化学反応に伴って放出されるエネルギーを（直流の）**電気エネルギー**に変えることができる。またイオン化傾向の大きい金属が電池の**負極**になり，イオン化傾向の小さい金属が電池の**正極**になる。

図7-3に，最も単純な電池のひとつである**ボルタ電池**と，それを改良した**ダニエル電池**の仕組みを示した。イオン化傾向の大きな亜鉛が電池の負極になり，イオン化傾向の小さな銅が電池の正極になる。亜鉛 Zn（負極）側と銅 Cu（正極）側ではそれぞれ次の反応が生じている。

負極：$Zn \longrightarrow Zn^{2+} + 2e^-$　　正極：$2H^+ + 2e^- \longrightarrow H_2$

負極の亜鉛は酸化されて亜鉛イオンになり，水素イオンは還元されて水素に変化する。電池における**酸化還元反応**では，電子のやりとりが基本となる。負極では金属が酸化され（＝電子を放出する），正極では金属が還元される（＝電子を受け取る）。

ボルタ電池では，正極の銅の表面上に水素ガスがたまることや，負極の亜鉛の近くで亜鉛イオン濃度が増加することによって**分極**[*1]が生じてしまう。それを改良したのがダニエル電池である。二種類の水溶液を使うことと，正極側と負極側を素焼き板などの多孔質材料（セロハンなどの半透膜でもよい）で隔てることでこの分極現象を抑えることができ，ボルタ電池よりも長く使える。

ボルタ電池やダニエル電池は一方向にしか電流を流せない，つまり**放電**だけができて充電はできない**一次電池**である。しかし近年では充電と放電を繰り返し使える**二次電池**の需要がますます大きくなっている。自動車用バッテリーから携帯電話，ポータブル家電製品に至るまで，二次電池はいまではなくてはならない必需品となっている。**図7-4**に単純な二次電池の例として鉛蓄電池の仕組みを示した。上の図は放電をしている様子を示していて，電池の負極側の鉛 Pb は酸化されて硫酸イオン SO_4^{2-} と結合して硫酸鉛 $PbSO_4$ を作る次のような反応が起こっている。

$$Pb + SO_4^{2-} \longrightarrow PbSO_4 + 2e^-$$

放電時の正極側では，酸化鉛 PbO は還元されて負極と同様に硫酸鉛が形成される。

$$PbO_2 + 4H^+ + SO_4^{2-} + 2e^- \longrightarrow PbSO_4 + 2H_2O$$

このように放電時には電子が鉛の負極側から二酸化鉛の正極へ移動するので，電気を取り出すことができる。**図7-4下**は充電時の様子を示している。放電時には電気を取り出して電球を灯すなどの仕事をさせることができるが，充電時には電源をつなぐことで電気を与えることになる。単純に負極側も正極側も放電時と真逆の，負極表面の硫酸鉛が鉛に戻り，正極表面の硫酸鉛が酸化鉛に戻るという反応が生じる。

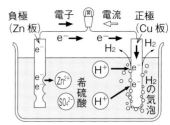

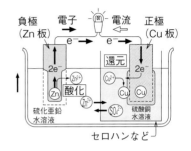

**図7-3　ボルタ電池（上）と
ダニエル電池の仕組み**

[*1]　電池としての電圧がすぐに低くなってしまう現象。共有結合（2-4-2項）で学んだ分極とは違う意味で用いている。

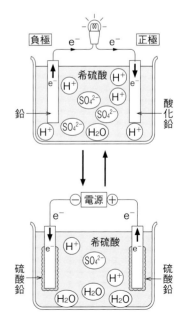

**図7-4　鉛蓄電池（二次電池）の
仕組み（上は放電，下は充電
の様子）**

7-2-2　電気分解反応

　電気分解は，電解質の水溶液や融解塩などに直流電流を流すことで，電極表面で化学反応が生じる現象である。電源のマイナス側とつないだ方を**陰極**といい，電源のプラス側とつないだ方を**陽極**と呼ぶ。陰極では強制的に電子を受け取るので電極表面で還元反応が生じ，陽極では電子が奪われて電極表面で酸化反応が生じる。**図7-5**に電気分解の例を各電極での反応とともに示した。

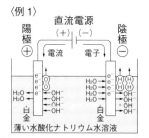

〈例1〉

陰極：$2H_2O + 2e^- \rightarrow H_2 + 2OH^-$（還元）
陽極：$4OH^- \rightarrow 2H_2O + O_2 + 4e^-$（酸化）

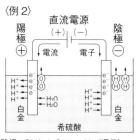

〈例2〉

陰極：$2H^+ + 2e^- \rightarrow H_2$（還元）
陽極：$2H_2O \rightarrow O_2 + 4H^+ + 4e^-$（酸化）

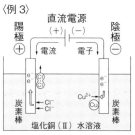

〈例3〉

陰極：$Cu^{2+} + 2e^- \rightarrow Cu$（還元）
陽極：$2Cl^- \rightarrow Cl_2 + 2e^-$（酸化）

図7-5　代表的な電気分解の三つの例
例1：薄い水酸化ナトリウム水溶液，例2：希硫酸，例3：塩化銅(Ⅱ)水溶液

　陰極では電子を受け取る反応つまり還元反応が起こる。その水溶液の中で最も還元されやすい（イオン化傾向が小さい）分子やイオンが電子を受け取る。表7-1で示したイオン化列において，アルミニウムより左にある金属（イオン）はイオン化傾向が大きく還元されないため，陰極で水が還元されて水素が発生し，陽極では電子が奪われる反応つまり酸化反応が起こる。陽極ではその水溶液の中で最も酸化されやすい分子（またはイオン）が電子を失う。塩化物イオン Cl^- やヨウ化物イオン I^- などのハロゲンイオンは酸化されやすいので，塩化物イオンからは塩素が，ヨウ化物イオンからはヨウ素が生成する。また水溶液が強い塩基性の場合には水酸化物イオン OH^- が酸化されて酸素 O_2 を発生する。酸化されやすいイオンが存在しない場合は水 H_2O が酸化される。陽極に金や白金以外の金属を用いると，その金属が酸化されて陽イオンとなり水溶液中に溶け出す。

【7-3】　環境に優しい電気エネルギー生産のしくみ

7-3-1　燃料電池

　世界中が脱二酸化炭素社会を目指して，化石燃料を使わないエネルギー生産に向けて取り組んでいる。自動車は従来ガソリンを燃料とするエンジンによって駆動する仕組みであったが，ガソリンによって回転した力を電気エネルギーに変換するハイブリッド車（hybrid vehicle：

HV）が普及し，そのあとにはガソリンではなく水素や天然ガスを使う
燃料電池自動車（fuel cell vehicle：FCV），さらには家庭などの電源か
ら電気を電池に貯めて走る電気自動車（electric vehicle：EV）などの普
及が進んでいる（**図7-6**）。これらの普及は，ガソリンの燃焼によって
発生する二酸化炭素，硫黄酸化物 SOx や窒素酸化物 NOx，そして
PM2.5 などの粒子状物質の発生抑制にもつながっている。**燃料電池**は，
以前は大きな出力を出すために重量を大きくする必要があり自動車に搭
載するのは困難であったが，技術の発展によって燃料電池の小型化が進
んだことが燃料電池自動車の普及を後押しした。

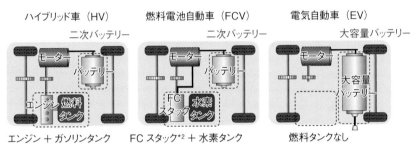

図 **7-6**　電気エネルギーを駆動力に取り入れた自動車の仕組み
（インプレススマートグリッドフォーラム HP より改写）

*2　FC スタックとは，燃料電池
による発電装置のことである。

　燃料電池の原理と構造例を**図7-7**に示した。水の電気分解とは反対に，
水素と酸素を結合して水を合成するときに得られる電気エネルギーを利
用するものである。セルをたくさん重ねて実際の自動車用などの燃料電
池スタックが作られている。図に示されたセパレータは，燃料ガスや空
気を遮断する役割を果たしている。天然ガスを燃料にする場合には，メ
タンを改質して水素に転換してくれる触媒およびその反応室が必要とな
る。

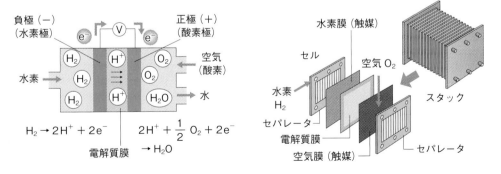

図 **7-7**　燃料電池セルの原理と燃料電池スタックの構造（クリッカー 12 周年 HP より改写）

7-3-2　太陽電池

　太陽電池は家庭用から産業用まで広く世界で普及している。ただし天
候や地理的な影響を受けやすいため，緯度が高いほど太陽から得られる

半導体

電気をよく通す金属（2-4-2 項）などの導電体と，電気を通さないゴムなどの絶縁体の中間の性質を示す物質を半導体という。各種産業で重要な役割を担うことが多い。

エネルギー量には限りがあり大きな発電量は期待できないことが多い。太陽電池の大半は p 型と n 型[*3] の**半導体**をつなぎ合わせて作られている。**図 7-8** に，半導体をつなぎ合わせた「pn 接合」の原理を用いた太陽光発電の仕組みを示した。n 型半導体にはもともと電子が存在していて，p 型半導体には**正孔**（プラスの電荷を帯びた粒子）の自由キャリアがそれぞれ存在している。接合部分ではこれらの自由キャリアの電子と正孔が動いて内部電界が発生する。そこに適切な波長やエネルギーを持った光が当たると，半導体中の安定な状態（価電子帯）の電子がエネルギーの高い状態（伝導帯）に移ることができる。これによって安定な電子が叩き出され，そこに正孔が作られていく。光により生成された過剰な自由キャリアにより起電力が発生して，p 型と n 型の半導体を導線でつなぐと電流が流れて電気エネルギーを取り出すことができる。電子を高いエネルギー状態に移すために使える光の波長や，その光を吸収する度合いなどは，半導体の原料や構造によって異なっている。

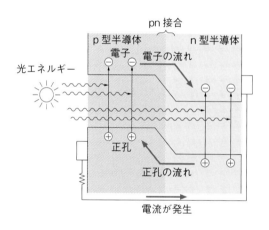

図 7-8　太陽電池の仕組み
電子が高いエネルギー状態に移動すると正孔が発生し，電気の流れが生じる。

【7-4】　原子力と電気エネルギー

　5-4 節で，熱エネルギーを得るために化石燃料の燃焼反応の反応熱を利用していることを学んだ。**原子力発電**は，ウラン原子の核が分裂したときに得られる熱エネルギーを利用するものである。ウランの同位体のうち，その核分裂によって得られる熱エネルギーの高いウラン 235（^{235}U）が原子燃料として主に使われている[*4]。**図 7-9** に示すように，火力発電も原子力発電も熱を使って発電をする点は共通している。しかし化石燃料の燃焼で得られる熱エネルギーと核分裂で得られる熱エネルギーの大きさは大きく異なっている。1 g のウラン 235 から得られる熱エネルギーは，石油に換算すると約 2000 L 分から得られる熱エネルギーに相当する。また**図 7-10** に示すように，ウラン 235 は核分裂の際に大きな熱エネルギーだけでなく，核分裂生成物，中性子，β 線や γ 線など

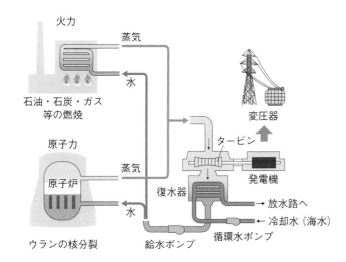

図 7-9 火力発電と原子力発電の共通点（エネ百科 HP より改写）

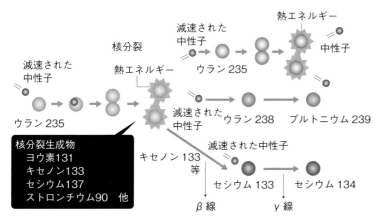

図 7-10 ウランの核分裂の模式図（数字は各同位体の原子量）
（環境省 HP より改写）

も放出する。このような中性子線を含む**放射線**[*5]は，生体や環境に大きな影響を与えるために，原子力発電所では完全に遮蔽されなければならない。

　原子力発電用の原子燃料では核分裂しやすいウラン 235 が約 4 % に濃縮されて利用されている。原子燃料は二酸化ウラン UO_2 を圧縮し焼結してセラミックス質にした円柱状の燃料ペレットである。軽水炉で使用されている燃料棒は，外径約 8 mm，高さ約 10 mm の燃料ペレットをジルコニウム合金の被覆管に詰めたものである。ペレット 1 個で一般家庭に必要な電気の約 6 カ月分を発電することができる。**図 7-11** は沸騰型軽水炉用燃料集合体の模式図である。110 万 kW の原子力発電所の場合，炉内の集合体の数は約 760 体，燃料棒にすると約 5 万本，ペレットの重さは約 140 トン必要となる。

*5　放射線については次節で詳しく説明する。

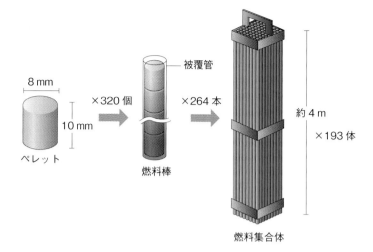

図 7-11　原子力発電所で使われている燃料の仕組み（関西電力 HP より改写）

【7-5】　放射線の化学

　　放射線とは一般的に波長が短い電磁波および高速で動く粒子のことである。放射線には **α 線，β 線，γ 線**と**中性子線**があり，β 線には β⁺ 線と β⁻ 線がある。α 線は正電荷を持つ質量数 4（陽子 2 個，中性子 2 個）のヘリウム原子核，β⁺ 線は正電荷を持つ陽電子（電子の反粒子*6），β⁻ 線は負電荷を持つ電子で**粒子線**と呼ばれる。γ 線は波長の短い電荷を持たない電磁波である。γ 線と X 線は発生方法の違いで定義されているだけで，波長では γ 線と X 線は同様のものとなる。**中性子線**は核分裂によって原子核から飛びだしてくる中性子の束状のものである（**図 7-12**）。

*6　質量が同じだが電気的な性質が正反対の素粒子を互いに反粒子と呼ぶ。

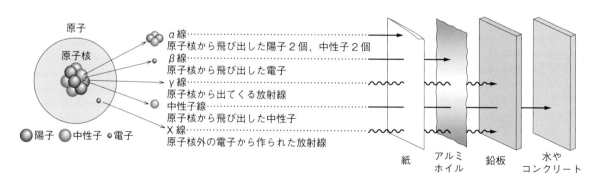

図 7-12　放射線の種類とそれらの透過力（関西原子力懇談会 HP より改写）

　　また，**放射能**とは放射性物質が放射線を出すという性質（能力）のことである。「放射能を測定する」といわれることも多いが，厳密には「放射線を測定する」である。放射能の大きさは 1 秒間の壊変数と定義され，「Bq（ベクレル）」という単位で表される。

　放射線はがん等の病気の治療（放射線治療）や，病気を見つけるための診断（レントゲン写真・CT スキャン）など，医療分野で広く利用されている。さらに自動車のゴムタイヤを硬く強化するためやプラスチック材料の機能性を向上するために使われたり，農業分野では害虫駆除やジャガイモの発芽防止などに役立っている。

コラム　ラジウムとキュリー夫人

　ラジウム（元素記号 Ra，原子番号 88 の元素）はアルカリ土類金属（表紙裏の周期表）の中で最も重い元素で，天然の安定同位体は存在しない。ラジウムは 1898 年に，ピエール・キュリーとマリ・キュリーらによって発見された。当時のラジウムの単離は大変困難だったことが知られている。約 30 種もの元素を含むピッチブレンド（ウラン鉱石）から順に元素を分離して新しい放射性元素の単離が試みられた。従来的な化学的分属分離法により，ビスマスのフラクションからポロニウムがラジウムよりも先に発見された。その後ラジウムはバリウムのフラクションから苦労に苦労を重ねて単離された。鉱石中の複数の不純物，例えば希土類元素などを除去するために，分別結晶分離法が用いられた。

　キュリー夫妻は実に 4 年もの年月をラジウムの単離に費やし，数トンものピッチブレンドから最終的にわずか 0.12 g のラジウム塩化物を得た。鉱物ピッチブレンドには「有用な」ウランが含まれているため，ウラン抽出後のいわゆる放射性廃棄物がラジウム抽出に用いられた。マリ・キュリーはラジウムの単離や放射線に関わる数多くの研究と成果から，1903 年には夫のピエールらとともにノーベル物理学賞を，1911 年にはノーベル化学賞を受賞した。

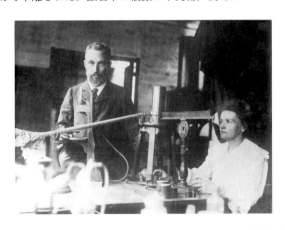

図　左：ピエール・キュリーとマリ・キュリー，
　　右：ピッチブレンド（瀝青ウラン鉱）
　　（Wikipedia より）

例題 7-1 硫酸と水酸化カリウム水溶液の中和反応について反応式を示し，過不足なく反応させるにはどうしたらいいか考えてみよう。

例題 7-2 図 7-2 のようにイオン化傾向の違いによって得られる金属樹の例を反応式とともに示せ。

例題 7-3 鉛蓄電池以外の二次電池の例を探してみよう。

例題 7-4 MOX 燃料について調べてみよう。

例題 7-5 放射性廃棄物の安全な廃棄方法について調べてみよう。

●文献・サイト

1) ナノフォトン株式会社 HP「二次電池の種類と特徴」
   https://www.nanophoton.jp/applications/secondary-battery/lesson-1

2) 資源エネルギー庁 HP「資源エネルギー庁がお答えします！～ 核燃料サイクルについてよくある 3 つの質問」
   https://www.enecho.meti.go.jp/

3) 日本原子力文化財団 原子力・エネルギー図面集

4) 原子力発電環境整備機構（NUMO）HP
   https://www.ene100.jp/zumen

第**8**章　おしゃれの化学

日々の生活を豊かにしてくれる「おしゃれ」の中には，化学の技術がたくさん隠れている。本章では衣服，頭髪，化粧品，宝飾品などを題材に，おしゃれを支えている化学変化や物質について紹介する。おしゃれには生体構成物質の性質や分子構造も関連するので，タンパク質やセルロースなどの復習もしながら，おしゃれの仕組みを化学的に考えてみよう。

【8-1】 頭髪にまつわる化学

8-1-1　髪の毛の仕組み

図 **8-1** に皮膚の構造と髪の毛（毛髪）の構造を示した。毛髪の主成分は，ケラチンと呼ばれるタンパク質である。外側キューティクルはうろこ状のケラチンが重なった構造をしている。キューティクルの内側にはコルテックスと呼ばれる繊維状のケラチンの集合体があり，芯の部分にあるメデュラと呼ばれる部分には**多孔質**（穴がたくさんあいた状態）のケラチンがある。髪の毛の色を決めているのはコルテックスの中に散在している**メラニン**という色素の種類と量である。毛髪の色を決める色素には褐色のユウメラニンと黄赤色のフェオメラニンとがある。黒い髪ではユウメラニンの割合が高く，淡い色の髪（金髪など）ではフェオメラニンの割合が高くなり，その比率には個人差がある。

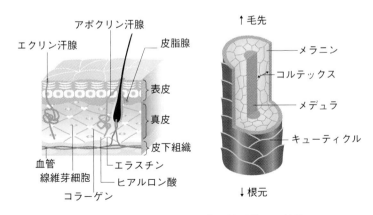

図 **8-1**　皮膚の構造と毛髪の構造（文献[1]より改写）

毛髪のタンパク質に見られる代表的な化学結合の種類を**図 8-2** に示した。毛髪の主成分のケラチンはタンパク質なので，3-3-2項で示したようにアミノ酸が**ペプチド結合**でつながったポリペプチド鎖を主鎖とす

*1　硫黄が二つ -S-S- のようにつながった結合のこと。シスチン結合ともいう。

る。タンパク質を構成している各アミノ酸には側鎖があり，ところどころ側鎖どうしが相互作用をして結び付いていることがわかる。**ジスルフィド結合**[*1]，**イオン結合**，**水素結合**などの**化学結合**（2-4 節）が全体的な毛髪の性質や構造に関係している。

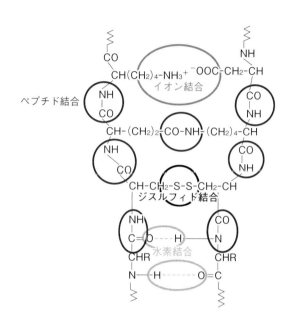

図 8-2　毛髪のケラチンタンパク質に見られる主な化学結合の種類

*2　過硫酸アンモニウム（ペルオキソ二硫酸アンモニウム），過硫酸カリウム（ペルオキソ二硫酸カリウム）。

過硫酸アンモニウム

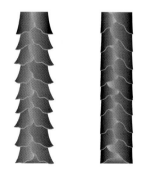

毛髪のキューティクルが開いたイメージ

8-1-2　ヘアカラーの仕組み

　頭髪を染める場合，ふつうはメラニン色素を破壊するためのブリーチ剤を使って脱色（ブリーチという）してできるだけ無色にしてから，染料を使って好みの色にすることが多い。ブリーチ剤の主成分は，過酸化水素水，過硫酸塩[*2]などの混合物である。これらは強い酸化性を示す化合物で，毛髪のコルテックス中のメラニン色素を酸化分解して破壊する。

　ブリーチ剤が髪の毛の内部に浸透するためには，重なり合っているキューティクルや，キューティクルとコルテックスのすきまを開く必要がある。キューティクルどうしおよびキューティクルとコルテックスの間は，主にジスルフィド結合でつながっているためこれらを切断すればよい。このジスルフィド結合のうち，親水性のケラチンタンパク質を結ぶ結合はアンモニアなどのアルカリ性の薬剤によって簡単に切断することができる（**図 8-3**）。そのため，ヘアカラー剤にはアンモニアなどのアルカリ成分があらかじめ混ぜられている。アルカリ剤でキューティクルを開き，酸化剤でメラニン色素が分解されると，髪に色を付ける染料がコルテックスにしみ込むことができるようになる。

　染料にも酸化性の物質が多く採用されている。例えばアニリンブラックはその代表例である。しかしアニリンブラックそのものは化学的な安

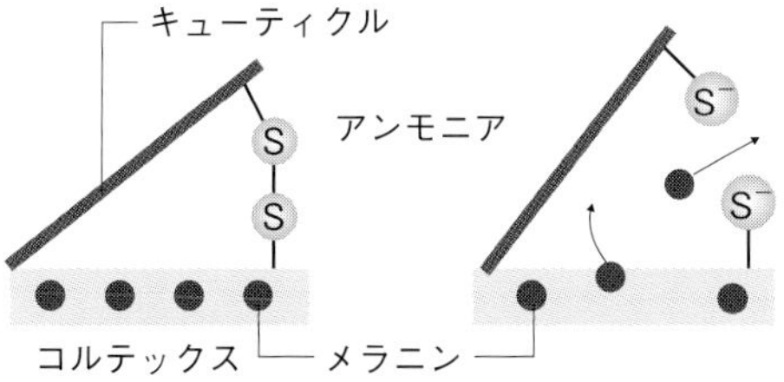

アニリン　　　　　p-フェニレンジアミン　　　p-アミノフェノール

アニリンブラック

図 **8-3**　キューティクルとコルテックスの
すきまを開く化学反応

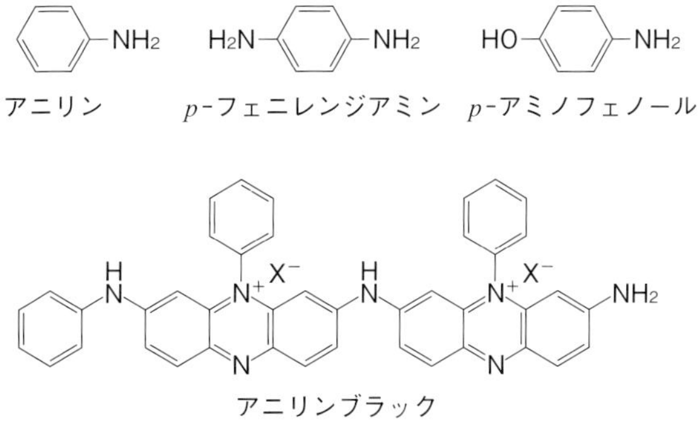

図 **8-4**　染毛剤に使われるアニリンブラックの構造

定性が低いため，p-フェニレンジアミンや p-アミノフェノールなどが
添加されてアニリンブラックが追加的に生成されるように混合されてい
ることが多い（**図 8-4**）。近年では，敏感肌の消費者などに向けて，で
きるだけ地肌にやさしい染毛剤も開発されている。例えば茶葉などに含
まれるカテキン類と酸化酵素を用いて合成されたもの，ハーブや昆布の
色素成分を用いたものなども販売されるようになっている。天然由来の
染料を使って頭髪を染める場合，コルテックスの芯近くまで染めること
は難しいとされていて，表面に近い側だけが染められた状態となってい
ることが多い。

8-1-3　パーマの仕組み

　毛髪を巻いてカールまたはウェーブの形を作るパーマネントウェーブ
がパーマの語源である。図 8-2 に示したように，毛髪のポリペプチド鎖
は色々な化学結合で結び付いているため，その化学結合を切断すると，
カールやストレートなど容易に毛髪を矯正変形することができる。

　パーマのプロセスは，1 剤によってこれらの化学結合を切断してから
好みの形に毛髪を変形したあと，2 剤によって化学結合をもう一度つな
ぎ合わせて変形状態を保つというものである。1 剤には還元作用を示す
ものが含まれていて，主にジスルフィド結合の切断を目的としている。
図 8-5 に，ジスルフィド結合でつながったポリペプチド鎖が還元反応

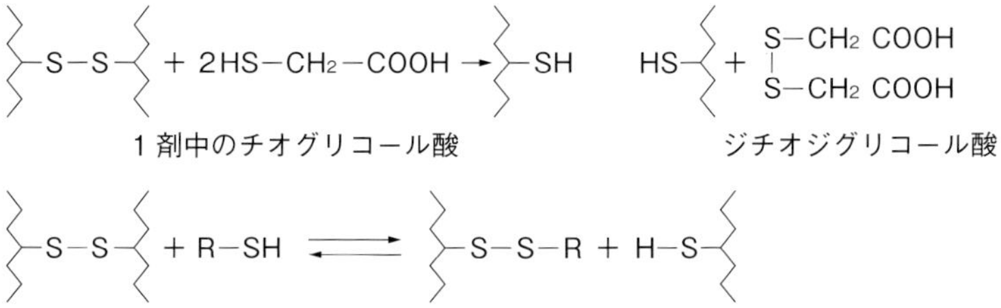

1 剤中のチオグリコール酸　　　　　　　ジチオジグリコール酸

図 **8-5**　1 剤（還元反応）によって毛髪のタンパク質間のジスルフィド結合が
切断される様子

によって -SH（システイン残基）や -S-S-R（二硫化アルキル，またはジスルフィド結合）に化学変化する様子を示す。一方，2剤には酸化作用をもつ臭素酸ナトリウムのようなものが含まれていて，酸化反応によって図8-5の逆反応を引き起こして，ジスルフィド結合を元どおりにすることができる（**図 8-6**）。

$$\text{--SH} \quad \text{HS--} + 2\,\text{NaBrO}_3 \longrightarrow \text{--S--S--} + 3\,\text{H}_2\text{O} + \text{NaBr}$$

毛髪中の
システイン残基　　　2剤中の
　　　　　　　臭素酸ナトリウム　　　システイン残基が　　水　　臭化
　　　　　　　　　　　　　　　　　臭素酸ナトリウム　　　　　ナトリウム
　　　　　　　　　　　　　　　　　の酸素と反応して
　　　　　　　　　　　　　　　　　ジスルフィド結合
　　　　　　　　　　　　　　　　　を復元する

図 8-6　2剤（酸化反応）によってジスルフィド結合を元に戻す様子

　ジスルフィド結合だけでなく，水素結合やイオン結合も切断した方がパーマをうまくかけることができる。毛髪のイオン結合は毛髪の等電点付近の pH，約 4.5〜5.5 でよく結合しているため，pH を少し高める，つまりアルカリ剤を使うことでこのイオン結合を弱くすることができる。また，水素結合は水の存在によって容易に切断できるため，1剤の溶媒には水が使われる。

　髪のペプチド結合はタンパク質の主鎖を形成する比較的強い結合である。強アルカリや強酸によってペプチド結合も加水分解を受けることがあるため，強いアルカリを使用したパーマ剤を何度も利用すると，髪が損傷して本来の美しさを損なう可能性がある。

【8-2】　ファッションの化学

8-2-1　衣服の繊維

　ファッションを支えている材料について化学的に見てみよう。私たちが日常に身にまとっている衣服には，その色やデザインを演出するために様々な材料が使われている。身の回りにある毛糸のセーター，木綿のシャツ，ポリエステルでできたジャケットなど，一度衣服の取扱い表示（洗濯ネーム）をチェックしてみよう。そこにはサイズや取扱いの方法だけでなく，衣服の材料（品質）が表示されている（左図）。

　衣服の「布」が作られるためには，繊維を長くまたは太くするための撚糸（ねんし），色を付ける**染色**，大きな面積のものを得るための**織り**（**図 8-7**）の工程がある。繊維の材質だけでなく，撚糸や織りの工程によって生地（布）の質感も大きく変わる。同じワイシャツでも，汗を吸収するもの，着心地が柔らかいもの，洗濯・乾燥後もほとんどシワにならないものなど多様な製品が存在するのもこれらのことが影響している。

🏷 衣服の取扱い表示の例

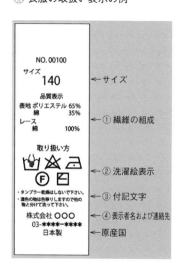

← サイズ

← ① 繊維の組成

← ② 洗濯絵表示

← ③ 付記文字

← ④ 表示者名および連絡先

← 原産国

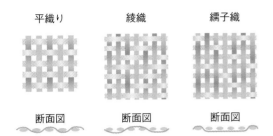

平織り　綾織　繻子織

断面図　断面図　断面図

図 8-7　代表的な織りの手法（ノエモバアルカ HP より改写）

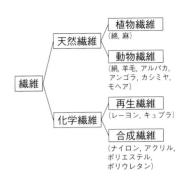

図 8-8　繊維の分類

繊維の分類例を**図 8-8** に示した。大別すると**天然繊維**と**化学繊維**に分けられる。天然繊維には綿，麻，羊毛などがあって，木綿などの**植物繊維**もあれば，蚕の繭や動物の毛などの**動物繊維**もある。化学繊維は主として石油などから人工的に合成される**高分子化合物**が原料となるものが多くその種類も多い。化学繊維の場合，熱で軟化する性質を持つものが一般的で，原料を液状にして糸状にする**紡糸**の工程がある（**図 8-9**）。**レーヨン**は木材など植物体の中に含まれるセルロース繊維を取り出して化学的に溶解した後，繊維状に再生したものである。レーヨンの分子構造はセルロースと類似しているが，化学繊維の一種として扱われ，**再生繊維**や**半合成繊維**と呼ばれることもある。化学繊維の原料の高分子化合物の分子構造はおおむねプラスチックと共通している（12-3 節）。**表 8-1** に代表的な化学繊維の分子構造と用途例を示した。ポリエステルの代表例はペットボトルに使われる PET[*3] と同じ分子構造をしている。

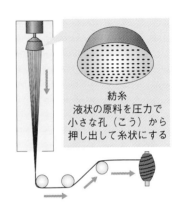

図 8-9　化学繊維の紡糸の工程（東京都クリーニング生活衛生同業組合 HP より改写）

表 8-1　代表的な化学繊維の分子構造と用途

化学繊維	分子構造	用途例
ナイロン 66	$\left[\begin{array}{c}N-(CH_2)_6-N-C-(CH_4)_4-C\\ \| \quad\quad \| \quad\| \quad\quad \|\\ H \quad\quad H \ O \quad\quad O\end{array}\right]_n$	冬物のジャケット
ポリエステル（PET）	$\left[\begin{array}{c}C-\bigcirc-C-O-(CH_2)_2-O\\ \| \quad\quad \|\\ O \quad\quad O\end{array}\right]_n$	シャツ，セーター
ポリエステル（PBT）	$\left[\begin{array}{c}O \quad O\\ \| \quad \|\\ C-\bigcirc-C-(CH_2-CH_2)_2-O\end{array}\right]_n$	水着
アクリル（ポリアクリロニトリル）	$\left[\begin{array}{c}CH_2-CH\\ \|\\ C\equiv N\end{array}\right]_n$	セーター，靴下

ポリエステルは繰り返し構造の中にエステル結合を持っている高分子で，PET（ポリエチレンテレフタラート）と PBT（ポリブチレンテレフタラート）の他，表にはないが PTT（ポリトリメチレンテレフタラート）もポリエステルである。

*3　PET はポリエチレンテレフタラートの略称である。

　衣服に使われる代表的な繊維の断面の電子顕微鏡写真を**図 8-10** に示した。木綿や麻は**セルロース**（3-3-1 項）が主成分で，中空構造またはストローの穴がつぶれたような構造を持ち，セルロース分子が水分子と親和性が高いことから吸湿性に富む。羊毛はヒトの毛髪と同様にタンパク質のケラチンが主成分である。羊毛はたくさん空気を含むので，羊毛

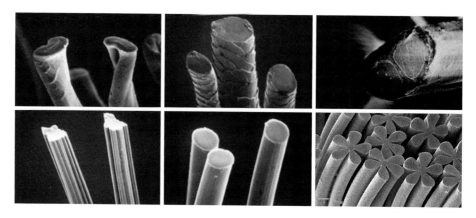

図 8-10　天然繊維 (上段左から木綿, 羊毛, 絹) および合成繊維 (下段左からレーヨン, ポリエステル, 異形ナイロン) の電子顕微鏡写真
(上段および下段左, 中は日本化学繊維協会提供, 下段右は株式会社クラレ提供)

繊維でできた衣類は保温性が高い。毛髪と同様にケラチンタンパク質が水となじむが, 濡れると毛の表面ケラチンが開いて他の毛と絡むようになり, 縮みやすくなる性質を持つ。絹 (シルク) はタンパク質のフィブロインが主成分であり, 羊毛と同じく繊維の間にたくさんの空気を含んで保温性にすぐれる。一方で熱伝導率が低いので夏は涼しく感じる。

図 8-10 の右下に示した異形ナイロンの断面のように, 近年では合成繊維だけでなく天然繊維でさえも, その太さや断面の形状や中空構造を制御できる技術が広まっている。さらに混紡といって, 他の繊維といっしょに紡ぐ方法もある。このように断面の形状, 中空, 混紡などによって着心地や衣服の性質を多様化することが可能となっており, 速乾性, 吸湿性, 断熱性などに富んだ衣服のバリエーションが増えている。

8-2-2　衣服の染料

ファッションを楽しむ際に, 色や柄の要素は大きい。私たちの衣服の色は, 繊維の段階で染められる場合と, 織られたあと生地になってから染められる場合とがある。絵柄などは生地の状態で染められる。繊維や糸, そして生地などに色を付けるためには, **染料**または**顔料**が用いられる。染料は色材分子を繊維に化学結合させて色を定着させて使われる。一方, 顔料は小さな粒子状であることから, 樹脂などの接着剤 (バインダーともいう) を用いてその色を繊維表面に定着させてから使われることが多い。染料は化学構造によって, アゾ染料, アントラキノン染料, インジゴ染料などに分けられる。顔料には大きく分けて**無機顔料**と**有機顔料**があり, 無機顔料には遷移元素やその化合物に由来する色を利用していることが多い (4-2 節)。白色系の酸化チタン, 赤色系のべんがら (酸化鉄(Ⅲ)), 黄色系の黄鉛 (クロム酸鉛), 青色系の群青, コバルトブルー (アルミン酸コバルト) などが代表例である。

【8-3】 化粧品の化学

8-3-1 日焼け止めの化学

　紫外線の強いときなどに，肌を紫外線から守るためにクリーム状または
スプレー状の日焼け止めを使用することも多いだろう。肌が紫外線の
影響を受ける仕組みを理解するために，紫外線の種類と波長の関係を**図
8-11**に示した。図の左ほど波長が短くエネルギーが強いことを示して
いる。**UV-C**と一部の**UV-B**はオゾン層（1-4節）でほとんど吸収され
て地上に届かない。オゾン層で吸収されない波長の**UV-B**と**UV-A**は
地表まで届く。それぞれの紫外線の波長は，UV-Cは280 nm以下，
UV-Bは280〜320 nm，UV-Aは320〜400 nmである。

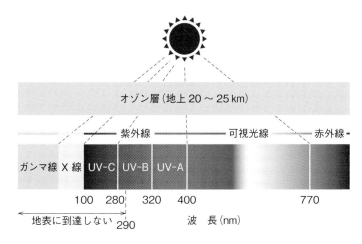

図8-11　紫外線の種類

　UV-Bは皮膚の表皮や真皮の一部（図8-1）に影響を与え，短時間の
暴露でも皮膚に赤い炎症を起こし，その後メラニン色素を増やす可能性
がある。繰り返し浴びるとシワやシミなど老化の促進につながると考え
られている。一方，UV-Aは皮膚のさらに深い真皮や皮下組織にまで
到達する。メラニン色素を濃い色に変化させて皮膚を黒化させたり，長
時間浴びるとハリや弾力が失われたりする。このようにUV-Bは皮膚
を赤く，UV-Aは皮膚を黒くする働きがある。

　化粧品の紫外線防止効果には，**SPF値**と**PA値**の二つの表し方がある。
SPF値は基本的にUV-Bの影響を示している。SPF値は，日焼け止め
なしで20分間の紫外線照射で肌に赤い炎症を起こす人が，日焼け止め
を塗ることで，何倍の時間その炎症（日焼け）を遅らせることができる
かを数値化したものである。例えばSPF50は，肌が赤くなるのを20分
×50倍＝1000分（約17時間）遅らせることができるという意味にな
る。PA値は基本的にUV-Aの影響を示している。PA値は，紫外線を
浴びた直後に肌が黒くなる反応の防御効果を数値化したもので，＋の数

によって四段階で示される。＋の数が多いほど効果が高いという意味になる。

　日焼け止めクリームなどには，紫外線をカットするための**紫外線吸収剤**と**紫外線散乱剤**のどちらかまたは両方が使われている。紫外線吸収剤には，紫外線を吸収し熱エネルギーに変えて紫外線の皮膚への侵入を防ぐものとして，パラジメチルアミノ安息香酸オクチル（サリチル酸系），オキシベンゾン（ベンゾフェノン系）などがある。紫外線散乱剤には，紫外線を反射（または乱反射）して皮膚への侵入を防ぐものとして，酸化チタンや酸化亜鉛などがある。

　これらの日焼け止めに使われる物質は，幅広い波長領域の紫外線をブロックするために複数の成分を混合して使われることが多い。**図 8-12**に有機系紫外線吸収剤の例と，それらの紫外線の吸収波長領域を示した。吸光度が小さいほどよく紫外線を吸収することを示している。

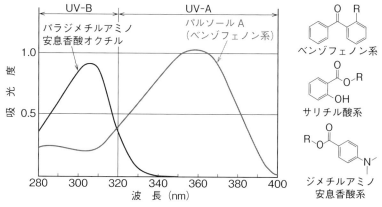

図 8-12　有機系紫外線吸収剤の吸収波長領域（左）と有機系紫外線吸収剤の化学構造の例
左図の曲線は各物質が光を吸収する度合い（吸光度）を示す。物質ごとに吸収できる波長の領域が違うことがわかる。

8-3-2　ファンデーションの化学

　最近ではパウダーファンデーション，リキッドファンデーションに加えてクリームファンデーションやクッションファンデーションなど，塗り方や質感が異なる多様なタイプが販売されている。

　紫外線吸収剤や紫外線散乱剤の他，シリコンオイル，界面活性剤，色素，ナノ粒子などを組み合わせて商品が作られている。シリコンオイルは，水を弾き化粧崩れを防ぐ目的で配合される。界面活性剤は，クリームまたはリキッドタイプのファンデーションの場合に水とオイルを分離させない目的で配合される。色素にはタール系の有機物由来のものから無機物由来の顔料もある。肌色に近いものを選ぶこともあれば肌色を変える目的で利用されることもある。ナノ粒子は，ファンデーションの粒

子をごく細かくナノ化したもので, 白浮きが抑えられるため配合される。酸化チタン, 酸化亜鉛, 雲母 (マイカ) などがそれらの例である。その他, 微生物の繁殖を防ぐために防腐剤が配合されることもある。

8-3-3 口紅・頬紅・アイシャドウの化学

メイクアップ化粧品を使って, より美しくあるいはより若々しく見せたり, 違った自分を演出したりできる。化粧品に配合される色材は大きく有機合成色素, 天然色素, 無機顔料, 高分子粉体 (高分子化合物で作られた粉末) に分類される。

化粧品には肌に色を残さない**顔料**が配合されることが多い (**表8-2**)。顔料は水や油などに溶けず, 基本的にはむらなくカラー効果を発揮するために, 微粒子の粉末原料として化粧品に混ぜられることが多い。メイクアップ化粧品の色の種類は, できない色がないといえるほどバリエーションが豊富にある。衣類や繊維を染色するのに用いられる顔料と基本的には同じものが使用されている。色調だけでなく, 光の反射・散乱・屈折などを考慮して複雑に組み合わせて化粧品の色がデザインされている。高分子粉体は, ラメを演出するために用いられるもので, 屈折率の異なる高分子化合物を交互に積層させて干渉色を出すことができる。現在では高分子の重合技術の進歩によって球状の粒子を製造することができ, ナイロンパウダー, ポリメタクリル酸メチルパウダーなどがラメに用いられている。

表8-2 化粧品に使用される無機顔料の代表例

顔料のタイプ	名称	色	主成分の組成
着色顔料	酸化鉄 (べんがら)	赤褐色	Fe_2O_3
	カーボンブラック	黒色	C
	群青	青～青紫色	$Na_6Al_6Si_6O_{24}S_x$ ($x = 2\text{-}4$)
	ウルトラマリンバイオレット	紫色	$KF_2[Fe(CN)_6]$
	酸化クロム	暗緑色	Cr_2O_3
白色顔料	酸化チタン	白色	TiO_2
	酸化亜鉛	白色	ZnO
体質顔料 (顔料をむらなく分散せるもの)	タルク	白	$3MgO \cdot 4SiO_2 \cdot H_2O$
	カオリン	白	$Al_2O_3 \cdot 2SiO_2 \cdot 2H_2O$
	雲母 (マイカ)	淡灰色	$K_2Al_4(Si_6Al_2)O_{20}(OH)_4$
	炭酸カルシウム	白	$CaCO_3$

【8-4】 宝石の化学

天然の宝石のほとんどが, 第1章1-2節で示したように地球の深部で時間をかけて作られている。宝石の形成には, マグマによる高熱, 地下深部での高い圧力が必要である。そして地殻中の火成岩, 堆積岩, 変成岩などの岩石の中で冷却されることで結晶が成長する。長時間をかけて液体状態からゆっくりと冷却すると結晶成長が続くため, 大きなものが

形成される。結晶成長の途中で，マグマが侵入して溶液の組成が変わりながら再結晶化することもある。

　表 8-3 に誕生石の鉱物の種類と組成式を示した。アクアマリンとエメラルドは，基本となる組成は同じであるが微量に含まれている他の元素の種類が異なるため，色も見た目も異なっている。ルビーとサファイヤも同様である。多くの結晶が規則正しい原子の配列を示すのに対し，オパールは珍しく結晶とはみなされない非晶質の宝石である。しかしオパールは 0.2 〜 0.3 μm の微小な大きさの揃った粒子が規則正しく並ぶことによって美しい輝きを見せる。

表 8-3　主な誕生石の鉱物名と特徴

誕生月	鉱物名	組成式	結晶系	色
1 月	ガーネット	$Fe_3Al_2(SiO_4)_3$	立方晶系	赤色など
2 月	アメシスト	SiO_2 微量の鉄を含む	三方晶系	紫色
3 月	アクアマリン／珊瑚	$Be_3Al_2Si_6O_{18}$ 微量の鉄を含む／$CaCO_3$	六方晶系	水色
4 月	ダイヤモンド	C	立方晶系	無色
5 月	エメラルド	$Be_3Al_2Si_6O_{18}$ 微量の鉄やバナジウムを含む	六方晶系	緑色
6 月	ムーンストーン／真珠	$KAlSi_3O_8$／$CaCO_3$	単斜晶系	無色／白（ピンクや金もある）
7 月	ルビー	α-Al_2O_3 微量のクロムを含む	三方晶系	赤色
8 月	ペリドット	$(Mg, Fe)_2SiO_4$	直方晶系	黄緑色
9 月	サファイヤ	α-Al_2O_3 微量のチタンまたは鉄を含む	三方晶系	青色
10 月	オパール	非晶質の SiO_2 数％の水を含む	非晶質	紫，青，緑，黄，オレンジ，赤，虹色など
11 月	トパーズ	$Al_2SiO_4(OH)_2$	直方晶系	無色，淡褐色，黄色，ピンク色
12 月	トルコ石／ラピスラズリ（青金石）	$CuAl_6(PO_4)_4(OH)_8\cdot4H_2O$／$(Na,Ca)_8(AlSiO_4)_6(SO_4,S,Cl)_2$	三斜晶系	青色／瑠璃色

　現在の技術では，いくつかの宝石については，天然ものとまったく遜色ない品質の**人工宝石**（または**合成宝石**）を作ることができる。エメラルド，ルビー，ダイヤモンドなどの単結晶の宝石や，オパールのような非晶質のものも人工的に合成することができる。

　宝石類の用途はおしゃれや宝飾用だけでなく，工業的な用途もたくさんある。例えばダイヤモンドは，硬度や熱伝導性が高く耐摩耗性も高いことから，掘削機やカッター，研磨剤として広く利用されている。また，サファイヤは透明性，耐摩耗性に優れていて，腕時計や工業用の窓材[*4]として利用されている。**石英**（クオーツ）SiO_2[*5]は時計の振動子，耐熱容器，光通信材料などに利用されている。

　人工宝石は，主に**溶融法**と**溶液法**によって合成されることが多い。溶融法は，一度結晶の材料となる組成の粉末を高温で溶融して，種結晶を利用するなどしてゆっくりと冷却して合成する方法である。徐々に結晶

*4　計測機器などで光を通すための窓に使われる材料を窓材という。

*5　ケイ酸 SiO_2 はシリカ，ケイ素 Si の単体はシリコンと呼ばれることもある。

を溶融液から引き上げていく「引き上げ法」によって，アレキサンドラ
イト，クリソベリル，コランダム，ガーネットなどが合成できる。溶液
法は，結晶の原料物質を**溶融塩（フラックス）**や熱水等に溶解させ，そ
の溶液をゆっくりと冷却させながら結晶成長を促す方法である。フラッ
クスを用いる方法では，エメラルド，ルビー，サファイヤ，アレキサン
ドライトが合成され，熱水を用いる方法ではクオーツが主に合成されて
いる。

　ダイヤモンドもあらゆる方法で人工合成が試みられている。化学蒸着
（CVD）法では，真空容器内で気体の炭素源をダイヤモンド種結晶上に
成長させることができる。溶融フラックス法では，高圧高温条件でフラッ
クス（融剤）中で炭素を溶解してダイヤモンドを成長させる手法も実用
化されている。

　人工的に作られた結晶が宝石市場に出る場合もある。多くの国におい
て合成宝石を天然宝石と区別することは重要であるとされ，宝石を取り
扱う協会などが宝石の由来を示すことを義務化するなどの厳しいルール
を作っている。誤情報の宝石を扱うと詐欺罪に問われることもある。そ
れでも鑑定書のないまがい物が市場に出回ることがあるが，そのような
由来のわからない宝石についても，天然か合成か，産地はどこか，どの
ように加工されたか，などを化学的に鑑定することができる。その際に
は，蛍光X線分析装置，レーザートモグラフィー装置，フーリエ変換
型赤外分光光度計など，最新鋭の分析機器が活躍している。

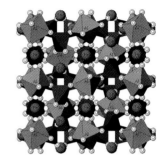

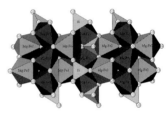

上：ガーネットの結晶構造，
下：ペリドットの結晶構造
（© 産業技術総合研究所 研究情報公
開データベース：結晶構造ギャラ
リー）

コラム フラーレン化粧品

　炭素の同位体のフラーレンが化粧品に利用されてい
る。フラーレンおよびフラーレンの誘導体（親水性フ
ラーレン）は，活性酸素ラジカルなどを捕獲または消

C_{60} フラーレン

滅させること，紫外線を吸収すること，さらに親水性
によって保湿ができることなどがわかっている。皮膚
が紫外線やストレスなどの刺激を受けると活性酸素な
どのラジカルが発生し，皮膚組織を部分破壊する可能
性がある。例えば紫外線を遮断する目的で黒いメラニ
ン色素が生成するのが自然の生体反応であるが，メラ
ニン色素がたくさん産出すると，皮膚のくすみやシミ
の原因となる。フラーレンはスーパーオキシドアニオ
ンなどの活性酸素，脂質ラジカルなどのシミやしわの
原因物質を消去または抑制することにより，美白と皮
膚の老化防止に役立つという。

例題 8-1　図 8-2 の二つのケラチンタンパク質の部分構造から，ペプチド結合を形成しているアミノ酸を数種類見つけてみよう。

例題 8-2　身近な衣服の取扱い表示を見て，品質表示に書かれた繊維の名称から，表 8-1 に示したような高分子の分子構造を調べてみよう。

例題 8-3　表 8-2 に示された化粧品用の無機顔料以外にも，無機顔料はあちこちで利用されている。表にない顔料の種類について，組成や色などを調べてみよう。

例題 8-4　表 8-3 から，宝石の成分にはケイ素 Si やアルミニウム Al が含まれているものが多いことがわかる。ケイ素やアルミニウムの酸化物，ケイ酸 SiO_2 や酸化アルミニウム Al_2O_3 は身近なところでどのように使われているか調べてみよう。

●文献・サイト

1) デミ コスメティクス HP「髪と頭皮の基礎理論」
   https://www.dcmi.nicca.co.jp/

2) 日本化学繊維協会 HP「化学繊維の形」
   https://www.jcfa.gr.jp/about_kasen/knowledge/shape/index.html

3) 桑原章郎・小西宏明：解説 化粧品に用いられる顔料．粉体工学会誌，**23**(4)，262-273 (1986)

4) 日本化粧品工業連合会 HP　https://www.jcia.org/user/

5) 松林賢司：技術解説 フラーレンの香粧品への応用（その実用化までの歩み）．生産と技術，**60**(1)，50-54 (2008)

6) 人工宝石（セラミックスアーカイブス）．日本セラミックス協会，セラミックス，44 号 No.7，540-542 (2009)

7) GIA (Gemological Institute of America) HP　https://www.gia.edu/JP/home

第 9 章　「キレイ」の化学

私たちは清潔を保つために洗濯をしたり，入浴をしたり，食器を洗ったりと，水を使って「洗う」ことを数多く行っている。また，薬品を使って滅菌や除菌をすることもあれば，オゾンやプラズマを使って水や空気をキレイにすることもある。衣類については清潔に保つために，洗ったあとにできるだけ乾かしたり，洗濯物に嫌な匂いがつかないように脱臭や消臭を行うこともあるだろう。化学的な方法や技術を使って家の内外も清潔に保つことができる。本章では，身近な生活アイテムをキレイに保つ仕組みについて化学的に考察してみよう。

【 9-1 】　洗濯や入浴と界面活性剤

9-1-1　セッケンと汚れが落ちる仕組み

　日常的に使われるセッケン，ハンドソープ，ボディソープ，シャンプー，中性洗剤，洗濯用洗剤などの主成分は**界面活性剤**である。セッケンを水といっしょに泡立てると，皮膚や衣類の汚れを効率よく落としてくれるのを経験したことがあるだろう。

　新型コロナウイルスの影響もあり，セッケンで手指をよく洗うことが推奨されている。流水だけでもウイルスの大半を洗い流すことができるが，セッケンを使うと指の間や手のしわ等のウイルスをさらに除去することができる。ゴシゴシと物理的摩擦を行いながらセッケンを使うと，ウイルスの被膜を壊せることもわかっている。

　図 9-1 に示したように，セッケンのような界面活性剤の分子には，油性の物質と親和性のある**親油基**と，水性の物質と親和性のある**親水基**がある。界面活性剤分子は，親油基を内側に，親水基を外側に向けて集まった粒子（ミセル）を形成し，水に溶ける特徴がある。水溶液中に油性の汚れが存在すると，セッケン分子が汚れの周囲を取り囲んでいく。親水基は外側へ向いて水溶液になじんで分散して全体的に水になじんだ状態となり，水溶液は白濁する。このような，水に油を分散させて白濁する現象を**乳化**という。セッケンは，水と油の境界（**界面**）に存在してはたらくことから，**界面活性剤**とも呼ばれる。セッケンではないが，乳化作用の得意な界面活性剤も数多くあり，マヨネーズやマーガリンなどの乳化した食品を作るプロセスで活躍している。

　セッケンなどの界面活性剤の多くが，油脂を原料として**アルカリ**による**ケン化**反応によって合成される。油脂のアルカリによるケン化反応の概要を次ページの式に示す。油脂は基本的にグリセリン骨格を持っているため，セッケンを合成すると，副生成物としてグリセリンが得られる。

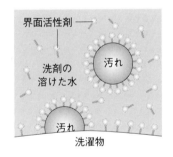

図 9-1　界面活性剤がはたらく仕組み

🌀 アルカリ？　塩基？

日常生活では塩基の性質をアルカリ性といい，そのような物質のことをアルカリと称することがある（3-2-1 項）。

反応式通りにケン化が進むと，油脂 1 分子からセッケン 3 分子が得られることになる。セッケンはヤシ油，オリーブ油など天然の植物由来の油脂が使われるので，脂肪酸由来のエステル構造を持っている。

$$
\begin{array}{l}
CH_2-O-COR \\
CH-O-COR' \\
CH_2-O-COR''
\end{array}
\ + \ 3\,NaOH \ \longrightarrow \
\begin{array}{l}
CH_2-OH \\
CH-OH \\
CH_2-OH
\end{array}
\ + \
\begin{array}{l}
R\ COONa \\
R'\ COONa \\
R''\ COONa
\end{array}
$$

油脂　　　　　　　　　　　　　　グリセリン　　脂肪酸ナトリウム（セッケン）

　表 9-1 に示すように多様な界面活性剤が合成され汎用されている。親水基の電荷が正（プラス）であるものは陽イオン性（あるいはカチオン性）界面活性剤と呼ばれ，負（マイナス）であるものは陰イオン性（あるいはアニオン性）界面活性剤と呼ばれる。電荷を持たないものは非イオン性（あるいはノニオン性）界面活性剤と呼ばれる。

表 9-1　界面活性剤の分類

分類	構造	特徴	用途
陰イオン性（アニオン性）界面活性剤	硫酸アルキルナトリウム　$CH_3-CH_2-CH_2-\cdots\cdots-O-SO_3^-$　Na^+	親水基が陰イオン	台所用洗剤，シャンプー，洗濯用洗剤
陽イオン性（カチオン性）界面活性剤	アルキルトリメチルアンモニウム塩化物　$CH_3-CH_2-CH_2-\cdots\cdots-N^+(CH_3)_3\ Cl^-$	親水基が陽イオン	柔軟剤，リンス，殺菌剤
両性界面活性剤	N アルキルベタイン　$CH_3-CH_2-CH_2-\cdots\cdots-N^+(CH_3)_2-CH_2-COO^-$	親水基に陰イオンと陽イオンの両方を持つ	食器用洗剤，柔軟剤，リンス，シャンプー
非イオン性（ノニオン性）界面活性剤	ポリオキシエチレンアルキルエーテル　$CH_3-CH_2-CH_2-\cdots-CH_2-O(CH_2CH_2O)_nH$	親水基が電離しない	衣料用洗剤，乳化剤

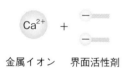

金属イオン　　界面活性剤

複合体形成
洗浄性能を有さない
水に不溶である

図 9-2　セッケンカスができる仕組み

　セッケンは天然由来の原料を使って作られるが，**セッケンカス**ができて，シャンプーや，洗濯後のゆすぎが大変になることがある。セッケン分子が水に溶けて，負の電荷を帯びた部分（親水基側）がカルシウムイオンやマグネシウムイオンなどと結合して複合体を形成したものがセッケンカスであり，これは水に不溶である（**図 9-2**）。ヨーロッパの水道水や地下水などは硬水（2-5-2 項）でカルシウムやマグネシウムなどのイオンを豊富に含んでいるため，セッケンカスができやすくなる。

9-1-2　コンディショナーと柔軟剤

　頭髪をシャンプーしたあとに使われるリンス（またはコンディショナー）の主成分は，カチオン性界面活性剤と，炭素数の多い高級アルコールなどの油の混合物である。我々の毛髪や，多くの衣類の表面がマイナスの電荷を帯びているため，プラスに帯電した界面活性剤を利用すると，表面に一様にその界面活性剤が規則正しく並んで油膜が髪表面を包みこ

み，キューティクルの剥離を予防したり，繊維の傷みを予防したりでき
る（**図 9-3**）。リンスやコンディショナーがはたらく仕組みは，衣類用
の柔軟剤とほとんど同じである。

　また，リンスや柔軟剤には香料が混ぜられることも多い。香料はアロ
マテラピー効果や個性を演出する効果があり，好みの香りかどうかで商
品を選ぶことも多いだろう。香料には，花や植物などから抽出した天然
香料と，様々な原料の組み合わせや化学反応によって合成されている合
成香料がある。合成成分を避けたがる消費者もいるが，合成香料でも毒
性や刺激性がないものもあれば，天然香料でも刺激性がある物質があっ
たりする。抽出の際に利用する有機溶媒が残存することもあるので，原
料が天然由来だと安全，合成だからよくない，などの単純な判断はでき
ない。肌の刺激の原因となっている物質について科学的に理解すること
が大切である。

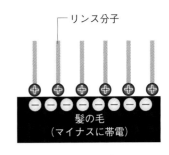

図 9-3　リンスや柔軟剤の仕組み

9-1-3　重曹でキッチンがキレイになる仕組み

　重曹は炭酸水素ナトリウム（$NaHCO_3$）の別名で，「曹」はソーダ（ナ
トリウム）を示す漢字である。「重」は炭酸水素ナトリウムの英語名
sodium bicarbonate の「bi」を「重」と訳したものと考えられている。重
曹はベーキングパウダーの主成分でもあり，加熱によって二酸化炭素
CO_2 を発生することがクッキーやケーキのふくらし粉としての役割を
担っている。

　重曹は台所のコンロ周りの油汚れを落とすのによく使われている。そ
の理由の一つ目はクレンザーのように研磨を担う役割があることで，二
つ目は重曹のアルカリ作用によってゆっくりと油がケン化反応を起こし
ながらセッケンを作ることである。さらに三つ目の理由として，重曹の
アルカリ作用によって汚れに含まれているタンパク質を分解できること
も食品由来の汚れを落とすのに役立っている。

【9-2】　水と腐敗の関係，清潔と乾燥

9-2-1　腐敗の仕組み

　食品などが**腐敗**する原因は基本的に微生物によるもので，カビや細菌
類の増殖によって食品の品質が極度に落ちて食に不適切な状態になった
のが腐敗である。微生物の数が食品の中や表面で増えるだけでなく，微
生物は増殖活動を行いながら酵素や化学物質を分泌するため，食品は化
学的に変化して分解することもある。食品のおかれた環境（温度，水分，
pH）や場所，食品の成分によって，腐敗に関連する微生物の種類や増
殖速度も異なる。

　食品などの腐敗を防ぐためには，腐敗に関連する細菌などの増殖を抑

制することが効果的である。塩素系殺菌剤など，化学薬品によって微生物を死滅させる（滅菌）だけではなく，温度や水分の制御で増殖を抑制することもできる。主に低温と水分除去（乾燥）が微生物の活動を停止・抑制するのに有効である。冷蔵庫に食品を保存すると低温により増殖を抑えることができる。

　また腐敗に関する水分は**自由水**と呼ばれ，微生物は自由水を積極的に使って増殖して腐敗が進行する。第 2 章の図 2-14 で示したように，水分子どうしで水素結合をしてクラスターを形成する際，その水素結合は動的でクラスターサイズも常に変化している。ある瞬間の水の中には水素結合をしていない自由な水分子もあるため，その拘束されていない自由な水分子が細菌の活動や増殖に活用されると考えられている。食塩や糖が溶解した水溶液では，水分子が陰イオンや陽イオン，あるいは糖の親水基と相互作用する（水素結合を作る）ため自由水の割合が減っている。たっぷりの塩で漬けた漬物や，たっぷりの砂糖で作ったジャムなどが腐りにくいのはそういう理由である。食品から自由水を除去するためには，食品そのものを乾燥させて水分を減らすか，または塩分や糖分によって自由水を奪うことで細菌類の増殖を著しく遅らせればよい。

　代表的な腐敗細菌には，シュウドモナス，マイクロコッカス，ビブリオ，フラボバクテリウム，バチルス属などがある。腐敗によって出てくる不快臭の原因物質には，アンモニア NH_3，硫化水素 H_2S，メチルメルカプタン CH_3SH，トリメチルアミン，酪酸 $CH_3(CH_2)_2COOH$ などがある。腐敗は食品だけに起こるわけではなく，生物由来のものは腐る可能性を持つ。例えば衣類も条件が揃うと微生物が増殖して嫌な臭気を発し，腐敗に近い状況になることもある。洗濯物から匂ういわゆる部屋干し臭の原因となっているのは，グラム陰性球菌の一種のモラクセラ菌が生産する 4-メチル-3-ヘキセン酸であることが多い。

9-2-2　乾燥や紫外線による滅菌

　洗濯物などにおいて乾燥を促すには水分を蒸発させること，つまり気化を促進させればよい。温度を上げて水の蒸気圧を高くすることや，風を送って対流を起こすことが効果的である。**表 9-2** に，室温 20 ℃，湿度 70 ％ で「自然乾燥」「扇風機を利用」「衣類乾燥除湿機を利用」の三パターンで洗濯物を乾かした実験結果を示した。乾燥前の水分重量を 100 ％ として，どれだけ水分が減っていくかが示されている。扇風機などを使って空気の対流を起こして洗濯物の周りの湿度が高くなるのを防ぎ，水分の蒸発を促進して自然乾燥よりも早く乾かすことができる。

　また，衣類や食器の細菌類の増殖を抑えるのに紫外線も有効である。細菌類に 260 nm 波長付近の紫外線を照射すると，細胞の核内の DNA が直接ダメージを受けるために増殖できなくなり死滅すると考えられて

自由水

水分子　水分子

水分子　水分子

細菌が繁殖に
利用できる

結合水

水分子　水分子

水分子　水分子

塩分や糖分

細菌が利用できない

自由水と細菌繁殖のイメージ

表 9-2　洗濯物の乾燥の仕方と重量の変化

	自然乾燥	扇風機	衣類乾燥除湿機
2 時間	84%	74%	43%
4 時間	72%	59%	7%
6 時間	62%	44%	0%
8 時間	51%	32%	0%
10 時間	41%	22%	0%

いる。古来，日本人は食器や衣類，布団，タタミなどを日干しして紫外線による滅菌を行ってきた。

9-2-3　化学的な消毒方法

　カビや細菌類を死滅させるのには，**塩素系薬品**による消毒が行われている。水道水も衛生面から塩素による消毒を行い，蛇口での**残留塩素濃度**を 0.1 mg/L 以上に保持することが水道法（日本）で定められている。その塩素消毒剤には，主として**次亜塩素酸ナトリウム** NaClO が使用されている。

　このような塩素消毒剤には「有効塩素」と記載されていることが多い。有効塩素とは有効に働く塩素，すなわち殺菌力のある塩素を示し，次亜塩素酸の水溶液に含まれる有効塩素は次亜塩素酸 HClO，次亜塩素酸イオン ClO$^-$，塩素ガス Cl$_2$ の三つで，これらの含有量の合計で算出される。これら三つのうち，最も殺菌力が強いのは次亜塩素酸 HClO の状態で，細菌の細胞壁も細胞膜も，核酸（つまり遺伝子）も簡単に破壊する。ウイルスに対しても同様に，外殻と内殻，核酸を破壊することができる。

　次亜塩素酸は，水溶液の pH によって存在状態が変化することが知られている。例えば NaClO 溶液に酸を加えていくと pH が低くなり，**図 9-4** のように HClO の割合が増加する。アルカリ側より pH の低い酸性側で殺菌効果が上昇する。ただしグラフの左の方のように pH が低すぎる（酸性が強すぎる）と有毒性の塩素ガス Cl$_2$ が発生するので危険である。漂白剤などに「**混ぜるな危険！**」と書かれている表記は，Cl$_2$ で急性中毒を起こさないための注意であり，次亜塩素酸系の漂白剤や洗剤などに酸を混ぜてはいけない。

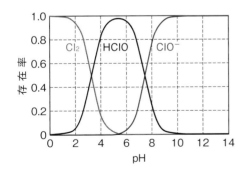

図 **9-4**　塩素の化学種の存在率と pH の関係

【9-3】　匂いや汚れを防御する化学

9-3-1　匂いを感じる仕組み

　ヒトの鼻のなかの上部に，**嗅上皮**（きゅうじょうひ）と呼ばれる匂いを感知する粘膜組織があり，そこには**嗅細胞**という匂いを感知する神経細胞がある（**図 9-5**）。

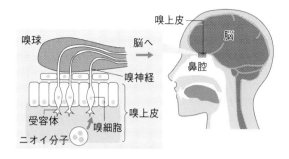

図 9-5　匂いを感知する仕組み

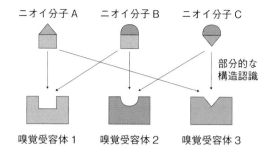

図 9-6　ニオイ分子の部分的な識別のイメージ

ヒトの嗅細胞には，400種類の嗅覚受容体（ニオイ分子を識別する受容体タンパク質）が存在することがわかっている。嗅覚受容体は，**図 9-6**のように，ニオイ分子の形を認識して鍵穴のような役割を果たし，その形は400種類の受容体ですべて異なっている。ニオイ分子が鍵穴にはまると嗅覚受容体の形が変化し，その後，嗅神経細胞が興奮して電気信号となって脳に伝わることで，匂いが脳で認識されている。ヒトは400種類の嗅覚受容体の組み合わせで様々な匂いの識別ができるだけでなく，図のようにニオイ分子の別の部分的な構造を認識することで，理論的には2の400乗の組み合わせという膨大な数のニオイ分子を識別できると考えられている。ニオイ分子の識別は，タンパク質のアミノ酸残基と，匂い分子の形，官能基（ベンゼン環やヒドロキシ基など）と受容体との化学的な相互作用によるものである。

　また，匂いの成分の濃度と匂いの強度は必ずしも比例しないこともわかっている。例えば，臭い物質の例として知られるメチルメルカプタンは，わずか0.07 ppbでもヒトは感知できるが，アセトンは，その60万倍の42 ppm（42000 ppb）でやっと感じることができる[*1]。精密分析機器である**ガスクロマトグラフ-質量分析計（GC/MS 分析計）**の測定限界以下であっても，ヒトの嗅覚で感知できる物質も多々あることがわかっている。

*1　ppm は 10^{-6}（百万分率），ppb は 10^{-9}（十億分率）（2-1 節参照）。

9-3-2　皮膚の匂いとデオドラントの仕組み

　皮膚の匂いには個性があるが，汗腺やアポクリン腺から分泌される液体そのものは匂いがしないことがわかっている。分泌後，空気中の酸素や皮膚の常在菌などの影響を受けて匂いの原因物質に変化すると，臭く感じてしまうことがある。デオドラント（匂いの除去）のためには，分泌を抑制すること，匂いの原因物質を除去すること，匂いの原因物質ができない環境を整えること，などが大切である。

　皮膚の汗腺のはたらきを抑えることによって汗を出にくくする物質がある。古来より知られているのがミョウバンの種類のカリウムミョウバンまたは焼きミョウバン（無水硫酸カリウムアルミニウム）である。ミョ

🌀 ミョウバン

ミョウバンは料理であく抜きのために使われたり，写真の現像に使われたりする。理科の実験で使われることもある。

ウバンの水溶液は弱アルカリ性となるため，酸性で活動しやすい微生物の繁殖を抑えたり，汗腺の開きを小さくしたりすることが匂いの低減につながると考えられている。また，汗とアポクリン腺からの分泌物が混じったものが細菌に分解されることを抑制するために，除菌または殺菌効果をもつ化合物が使われることもある。エタノール，イソプロピルメチルフェノール，塩化ベンザルコニウムなどがデオドラント商品に利用されている。

9-3-3　トイレ，下駄箱，部屋の消臭の化学

　人が不快と感じる匂いの種類には，トイレ臭，生ゴミの腐敗臭，タバコ臭，ペット臭などがある。これらの原因物質の代表例がアンモニア，トリメチルアミン，硫化水素，メチルメルカプタンなどである。トイレや下駄箱に消臭剤を置いたり，脱臭装置をつけたりすることがあるが，主には化学的あるいは物理的に分解または吸着する方法で消臭している（**図 9-7**）。

　物理的な方法の例としては，竹炭や備長炭のような**多孔質**の材料（第5章 例題5-1の備長炭がその例）に匂いの成分を吸着させる方法がある。物理的な吸着では，ニオイ分子は吸着剤の穴の表面とゆるく結び付くものの，化学的な強い結合力で拘束されてはいない。

　化学的な方法としては，匂いの成分の化学的性質を利用するものが多い。化学吸着では，吸着剤とニオイ分子が化学結合をするのでしっかりと吸着することができる。その他，例えばアルカリ性のニオイ分子のアンモニアには酸性の物質をもちいて中和反応でニオイ成分を取り除いたり，**オゾン O_3** などの反応性の高い分子によってニオイ成分を化学的に分解したりする手法もある。

　オゾンは，自然界でも酸素 O_2 が太陽光の紫外線を受けて生成しオゾン層を形成しているが，オゾン発生器などで紫外線や電場を使って人工的に作ることもできる。オゾンそのものによる消臭や殺菌の効果は少ないが，オゾンが分解してできる活性酸素が消臭に効果的であることがわかっている。オゾンから発生する酸素ラジカル ・O や，酸素ラジカルと水分子中の水酸化物イオン OH^- とが反応して形成されるヒドロキシルラジカル ・OH が，有機物を分解したり，細菌類の細胞膜（または細胞壁）を破壊したりして効果的に脱臭することができる（12-1-1 項）。

　また，植物由来の精油やポリフェノール類の中には，抗菌・殺菌作用を持つ物質があり，アロマ成分で心地よさをもたらしながら，細菌類の増殖を抑えるために添加されることもある。

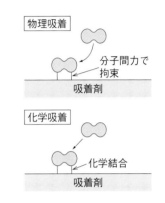

図 9-7　物理吸着と化学吸着の違い

【9-4】　建築物の内装や外装の化学

9-4-1　光触媒の超親水性によるセルフクリーニング

　光触媒作用を持つ**酸化チタン** TiO_2 に紫外光を照射すると，**図9-8** に示すように，TiO_2 表面における Ti 原子と O 原子の化学結合（Ti-O-Ti 結合）が切断される。環境に存在する水が酸化チタン表面の O 原子と化学反応すると，水になじみやすいヒドロキシ基（-OH）がたくさん形成される。多数のヒドロキシ基の存在によって酸化チタン表面はさらに水となじみやすくなり，表面は常に水分に覆われた状態を保つことができる。建築物の外壁表面に光触媒を塗布したガラスや外壁材は，雨水などが酸化チタン表面に入りこむため，砂塵（さじん）などが流されて付着しにくくなり，メンテナンスが簡単になる。この光触媒の超親水性は，車のミラーや高速道路の遮音壁などにも応用されている。

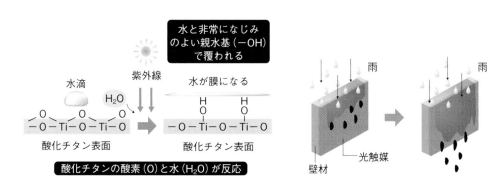

図**9-8**　光触媒の親水性によるセルフクリーニング効果（文献[7] より改写）

9-4-2　光触媒による有害化学物質の分解

　光触媒である酸化チタンは，トイレ，壁面コーティング，建築内装材などにも利用されている。酸化チタンは半導体の性質を持ち，バンドギャップエネルギー（3.2 eV）が紫外線（400 nm より短い波長の光）のエネルギーに対応している（次ページ側注記事）。

　この酸化チタンが紫外線を浴びると，電子が励起して放出された分，正孔（プラスの電荷を帯びた孔）が形成される。正孔は強い酸化力を持ち，環境中の水分子の水酸化物イオン OH^- から電子を奪って不安定な状態のヒドロキシルラジカル $\cdot OH$ を形成する。正孔を作って励起した電子自身も反応性が高く，空気中の O_2 と結合して活性酸素（$\cdot O_2^-$，スーパーオキシドアニオンともいう）を発生させる。$\cdot OH$ や $\cdot O_2^-$ は非常に反応性が高く，ニオイ分子や細菌類を酸化分解することが知られている（**図9-9**）。上述のオゾンを利用した脱臭に近いメカニズムである。

　近年，紫外線より長い波長，つまり可視光線に応答する光触媒が開発され，トイレなど室内の壁に塗装することで脱臭機能を発揮する材料も

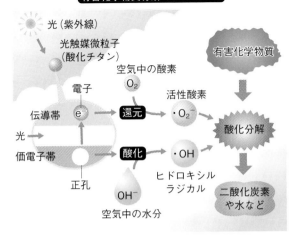

図 9-9　有機分子の分解メカニズム（文献[7]）より改写）

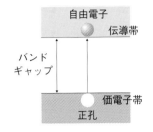

🔬 半導体のバンドギャップエネルギー

半導体の電子が通常存在する領域（価電子帯）と，電子が自由に動いて電気を伝えることができる領域（伝導帯）との間に存在するエネルギー差をバンドギャップという。半導体に紫外線が当たると，光のエネルギーを受けて電子は高エネルギーの状態となり，電子を放出する。このとき受けたエネルギーが十分に高ければ，価電子帯にあった電子はバンドギャップエネルギーを超えて伝導帯まで上がる（励起するともいう）。

開発されている。

9-4-3　環境を調整する建築材料

　ここでは古来より日本の建築内装に利用されてきた**漆喰**と**珪藻土**を紹介する。

　伝統的な日本の漆喰は，水酸化カルシウム $Ca(OH)_2$（別名，消石灰）を主成分とし，骨材，すさ（繊維質のつなぎ材），のり（銀杏草，角又，海藻のり）で練り合わせたものである。西洋では，消石灰と砂を水で練った壁材が主流である。次の反応式のように，消石灰は石灰石（炭酸カルシウム $CaCO_3$）を高温で焼成して酸化カルシウム CaO を生成したあと，そこに水を加えて作る。

$$CaCO_3 \longrightarrow CaO + CO_2 \qquad CaO + H_2O \longrightarrow Ca(OH)_2$$

消石灰は，空気中の二酸化炭素をゆっくりと吸着しながら炭酸カルシウムに変化するので，強度や硬度を増す性質を持っている。また，漆喰には部屋の水分（湿度）を調整する調湿性や，生活臭を減らす消臭性など，住宅における空気環境を総合的に調整する機能があることがよく知られている。近年の内装用の壁材では，クロスなどの接着剤に使われる溶剤やアルデヒド類などが**シックハウス症候群**の原因物質であることが指摘されている。しかし，伝統的な漆喰にはそのような物質が含まれていないだけでなく，それらの物質を積極的に吸着したあと放出しないこともわかっている。さらに漆喰は耐火性が高く，不燃性材料として扱うことができる。漆喰の主成分は消石灰であり，そのアルカリ性の性質によりカビや細菌を防ぐこともできる。

　珪藻土は，珪藻が死後石化したもので，年月を経て作られる無機的な多孔質のシリカ質の粒子である。ろ過をするときに懸濁物を分離するた

🔬 シックハウス症候群

住居の建材などに含まれている化学物質による健康被害を総称してシックハウス症候群という。住居の気密化による影響も大きいとされる。

めのろ過助剤として食品業界で使われたり，紙に配合するとインクの吸収性が上がることなどから製紙業界で使われたりと用途は多い。珪藻土を建築物の壁材に使うことも多い。多孔質である点，軽い点などからも注目されており，珪藻土を用いた壁材は，優れた湿度調整機能を持ち，耐火性，断熱性，遮音性にも優れている。

コラム 洗濯用洗剤に含まれている成分の役割

洗濯用洗剤には，製品によって成分に違いはあるものの，界面活性剤以外に以下のものが含まれていることがある。

● 水軟化剤

界面活性剤（セッケン分子など）がカルシウムイオンなどと結合すると，セッケンカスができて洗浄効果が落ちてしまう。水軟化剤自体が金属イオンと結合することで，界面活性剤の本来の働きが低下するのを防ぐ。アルミノケイ酸塩（ゼオライト）などの無機物質の場合や，アクリル酸やマレイン酸系高分子など有機物質の場合もある。

● 酵素

皮脂汚れやタンパク質汚れなど，界面活性剤だけでは落としにくい汚れを酵素の生化学的な作用によって分解する。タンパク質汚れを分解する働きをもつプロテアーゼがよく使われるが，その他に脂質分解酵素やセルロース分解酵素も使われている。

● 蛍光増白剤

白い衣類は繰り返し使われることで，汚れの影響から黄ばみが出ることが多い。衣類を白く見せるようにする蛍光増白剤の例を下に示した。

C.I Fluorescent
Brightner 30
（紙用）

C.I Fluorescent
Brightner 162
（ポリエステル繊維用）

● アルカリ剤

衣類を洗濯する際に，洗濯液がアルカリ性であるほど，汚れの性質を変化させたり，汚れの成分と繊維のつながりを弱めたりすることができる。炭酸ナトリウム $NaCO_3$ が使われることが多い。

例題 9-1　セッケンカス（図9-2）について，ステアリン酸ナトリウムをセッケンの例として，カルシウムイオンに2つ結合した化学構造式を描いてみよう。

例題 9-2　手指消毒にエタノール（エチルアルコール）が使われたり，予防接種の際の皮膚消毒にプロパノール（イソプロピルアルコール）が使われたりする。この二つの物質の違いについて調べてみよう。

例題 9-3　オゾンの分子構造について調べてみよう。

例題 9-4　漆喰が建築の内装材として塗り仕上げられたあと，ゆっくりと硬化する仕組みを反応式で示してみよう。

●文献・サイト

1) 後飯塚由香里：セッケンと合成洗剤 －いろいろな合成洗剤の性質．化学と教育，**63**(10)，492-493 (2015)

2) 公益社団法人 日本水道協会 平成19年度厚生労働省受託「水道用薬品等基準に関する調査」水道用次亜塩素酸ナトリウムの取扱い等の手引き（Q & A）水浄化フォーラム －科学と技術－(2008)
http://water-solutions.jp/commentary/sterilization/

3) 東京大学大学院農学生命科学研究科応用生命科学専攻生物化学研究室HP「においの科学のウソ・ホント」
https://park.itc.u-tokyo.ac.jp/biological-chemistry/profile/essay/essay31.html

4) 安部郁夫：入門講座 吸着の化学．オレオサイエンス，**2**(5)，275-281 (2002)

5) 堅田明子：嗅覚受容体がにおいを認識する分子機構（特集 においとフェロモンがつむぐ空間コミュニケーション）．におい・かおり環境学会誌，**36**(3)，126-128 (2005)

6) 岩城隆昌：オゾン脱臭に伴う危険性について．日獣会誌，**60**(170)，168-170 (2007)

7) 国立研究開発法人 国立環境研究所HP「環境展望台 環境技術解説 光触媒」
https://tenbou.nies.go.jp/science/description/detail.php?id=39

8) 沢辺大輔・鳥越宜宏：教科書から一歩進んだ身近な製品の化学 －漆喰の文化と化学．化学と教育，**64**(3)，130-131 (2016)

9) 独立行政法人 国民生活センター報道発表「除菌や消毒をうたった商品について正しく知っていますか？ －新型コロナウイルスに関連して－」
https://www.kokusen.go.jp/pdf/n-20200515_2.pdf

ヒトは文明を高度に発達させてきた反面，健康に不安を抱えてもいる。高齢化社会が進むほど，健康に関する商品やサービスの需要は拡大し続けている。この章では健康を支える化学について紹介する。健康懸念の一つであるアレルギー疾患には数多くの化学物質が関わっていることがわかっている。他方で，重大なケガなどによって損失した部位を補うために人工骨・人工関節・人工臓器などが利用されることがあるが，その開発にも化学が活躍する。また，ケガや病気を発見するのには化学分析機器による診断が不可欠であり，血液検査のようなものから画像診断法など様々な技術が用いられている。老化や加齢に備えるサプリメントや，病気やケガの際にお世話になる医薬品には化学が大いに関連する。最後に，赤ちゃんや高齢者を支えている紙おむつの化学についても紹介する。

【10-1】 免疫・アレルギーと化学物質との関係

　20世紀後半から現在にかけて，食物アレルギー，花粉症，アレルギー性鼻炎，アトピー疾患などのアレルギー症状を持つ日本人が増えている。一般にアレルギー疾患には遺伝因子と環境因子が考えられている。特に環境因子に関しては，複数の経路で暴露しうる様々な**化学物質**がアレルギー疾患の急増の要因であることを指摘する論文も多く発表されている。そこでは，ある種の化学物質はアレルギー反応やアレルギー疾患を増悪させる可能性が指摘されている。アレルギー疾患の多くが，特定の抗原（化学物質）に対する免疫機能異常である。いったんアレルギー反応が出てしまうと，原因をいくら取り除いても体はその抗原に対して過敏に反応するのがやっかいである。**図10-1**のように複合的な要因があると，アレルギー症状が出やすいだけでなく，生活習慣病の悪化を招くこともあるため，できるだけこのような要因を生活環境から取り除くのが望ましい。

　住居の観点では，近年の居住環境や建築方式がアレルギー症状の原因

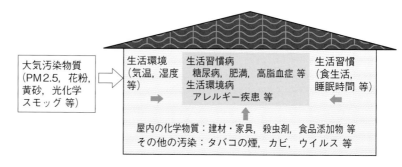

図 **10-1**　生活環境からくる汚染物質によるありふれた病気の悪化のメカニズム

になることがある。建築空間の気密化によりカビやダニが繁殖しやすくなることもあれば，木材などの建材の防腐や防虫のための化学薬品の使用，壁紙・塗料・接着剤などに含まれる揮発性有機物質（VOC）が多用されていることもある（図10-2）。VOCはシックハウス症候群（9-4-3項）の主たる原因となっている。

　食生活の変化もアレルギー疾患と関係があると指摘されている。食の多様化により海外由来の食品が増加していることから，保存料などの食品添加物，農薬，包装材などの影響も考えられている。防腐剤，抗酸化剤，着色剤などの食品添加物が多くの種類の食品に使用されている。これらの食品添加物は，我々の免疫力を高める物質を合成する工場である腸内環境を悪化させることがわかっていて，できるだけ避けることが望ましい。

　農作物や魚介類，畜産物などの効率的な生育のために使われる農薬も，アレルギー症状の原因となる可能性がある。農薬除草剤や抗生物質，ホルモンなどの食への混入によるものである。これらの化学物質のうちいくつかは，**環境ホルモン性**（11-3-2項）があることも指摘されている。また，微量の化学物質が食物連鎖を経て**生物濃縮**が起こり，ヒトが濃縮された化学物質を口にする可能性も高くなっている。アレルギーの原因が多種多様になっている現在，各患者のアレルギー症状の原因を突き止めるのは至難の業であるともいわれている。牛乳アレルギーなど特定の食品にアレルギー反応を示すと信じていたら，実は食品の製造過程に混入した化学物質が実際のアレルギー原因物質であったという事例もある。

　また，水・大気・土壌環境中でヒトに影響を与える化学物質もある。大気においては航空機や輸送車両・列車などから発生する排ガスがある。化石燃料由来の炭化水素以外に，燃焼によって発生する硫黄酸化物SO_x，窒素酸化物NO_x，一酸化炭素，微小粒子などが人々に影響を与えている（12-1-1項）。偏西風によって大陸から運ばれる粒子には，PM2.5と呼ばれる直径が2.5 μm以下の大気浮遊粒子もある（12-1-4項）。それらの多くは，黄砂や燃焼排ガス由来のススなどであり，局所的にまた季節的にこれらの物質が我々の生活環境に混入することがある。

　PM2.5などの微粒子には大気汚染物質であるSO_xなどの酸性物質やベンゾピレン（ベンツピレンとも呼ばれる）などが付着していることもあり，ヒトの呼吸に伴って無意識に体内に入ることもある。**ベンゾピレン**は図10-3に示すように，生体内で酵素反応を受け発がん性を示す物質に変化しうる。それが遺伝子（DNAのグアニン；3-3-3項）と特異的に結合すると考えられている。また，土壌には窒素肥料由来の亜硝酸体窒素（NO_2^-）も含まれており，農作物の摂取や土壌由来の水質汚染に

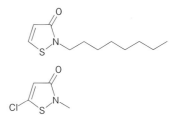

図 10-2　壁紙，塗料，木材に使用されているイソチアゾリノン系防腐（防カビ）剤の例
上からOIT（2-*n*-オクチル-4-イソチアゾリン-3-オン），CMI（5-クロロ-2-メチル-4-イソチアゾリン-3-オン），BIT（1,2-ベンズイソチアゾリン-3-オン）

🐢 **生物濃縮**

微生物から植物，動物へと食物連鎖の上位にいくに従い，摂取した化学物質が濃縮されていく現象。食物連鎖の上位に位置するヒトは高度に濃縮された化学物質を摂取する可能性がある（12-2節，12-4-2項）。

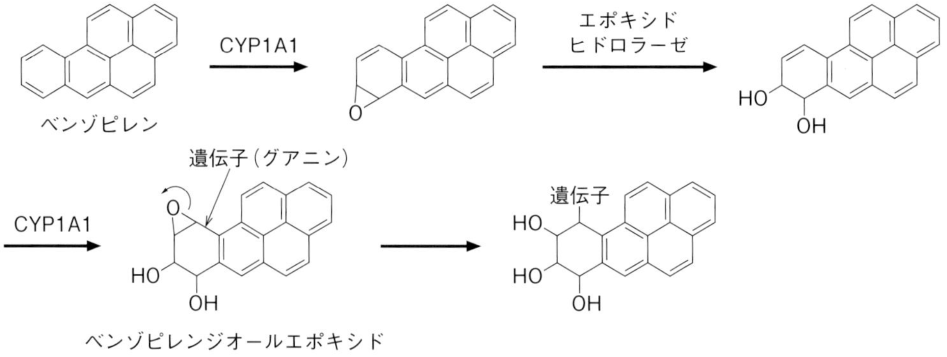

ベンゾピレン

CYP1A1

エポキシド
ヒドロラーゼ

O

HO

OH

CYP1A1

遺伝子（グアニン）

O

HO

OH

ベンゾピレンジオールエポキシド

遺伝子

HO

HO

OH

図 10-3　微生物からベンゾピレン（左上）の体内代謝と発がんに関する反応式
　　　　CYP1A1 はほとんどすべての生物に存在する約500アミノ酸残基からなる酸化酵素。

よって体内に入るリスクも否定できない。

　水，大気，土壌は環境中で**相互作用**と**物質循環**を繰り返すため，どこ
か一部が汚染されているとグローバルにその汚染が拡散し，生物圏やヒ
トにも影響を与えてしまう。「ありふれた環境汚染が，ありふれた病気
をさらに悪化させているかもしれない」と指摘する研究者もいる。

【10-2】 人工骨や人工関節などの医療用材料

10-2-1　骨の仕組み

　骨の仕組みは**図 10-4** のようになっている。骨の表面には皮質骨とい
う硬い部分があり，内部は海綿質というスポンジ状のすかすかの部分か
らなっている。スポンジの中のすきまは骨髄腔と呼ばれ，その中に詰まっ
ている骨髄が血液を作っている。図のように縦横方向に血管が存在して
いて，作られた血液が体内に供給されている。骨の成分はリン酸カルシ
ウム[*1]を主体とする無機塩類とタンパク質からなる。骨の表面の骨膜
にある骨芽細胞が骨膜の内側に新しい骨を作り，骨を成長させたり骨を
太くする働きをしている。

*1　ハイドロキシアパタイト
$Ca_{10}(PO_4)_6(OH)_2$

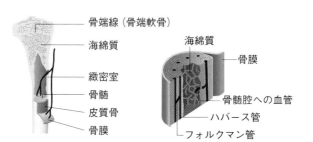

図 10-4　骨の仕組み

10-2-2　人工骨

　人工骨の多くが天然の骨と同じ材料のハイドロキシアパタイトを用い
たものである。その他，酸化アルミナや，バイオガラスなども使われて

いる。近年ではハイドロキシアパタイトに β-リン酸三カルシウムやコラーゲンを混ぜて，立体的に形状を制御し，生体親和性や強度が高く安全性を高めた複合材料も登場している。その他，精密な形状と高い強度を両立する「3D プリンター」による人工骨造形も利用されている。

10-2-3　人工関節

　人工関節は例えば**図 10-5** のように，手術によって自分の骨の一部を削るか切除してから，位置を決めて設置されることがある。体の部位の役割に応じて様々な人工関節用材料が開発されている。チタン合金やCo-Cr-Mo（コバルト-クロム-モリブデン）合金は力学的な強度の必要な部位に使われる。タンタル Ta をスポンジ状にして海綿骨を模して作られた三次元構造を制御された材料も開発されている。ポリエチレンはライナー部分などに用いられるが，低摩耗性と強度を実現するために γ 線照射や加熱処理をして高い機能を持たせた材料もある。患者たちの負担を少しでも減らし健康な生活が送れるように，様々な構造，材質を有した製品が開発され続けている。

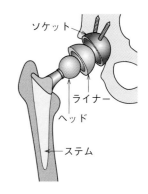

図 10-5　人工関節（股関節）の
　　　　仕組み

10-2-4　歯科材料

　歯と健康の関係はとても深く，歯科材料は材料化学的にも健康を支えている。多様な種類の材料があり，金属材料だけでも金，銀，コバルト，チタン，ステンレスなど多くの種類の金属や合金が利用されている。金属は加工がしやすく熱に強いが，種類によっては口腔内で時間をかけて大気中の酸素や硫黄と反応して腐食する（錆びる）こともある。貴金属の合金は高価だが化学的に安定であるため長期間腐食することがない。

　金属アレルギーの患者には金属以外の歯科材料が必要である。陶歯，すなわちセラミックスを金属の代わりに利用することもある。酸化ケイ素（シリカ，SiO_2）系やジルコニウム酸化物（ジルコニア，ZrO_2）などが利用されている。セラミックスは耐摩耗性や耐変着色性に優れており，耐用年数も長い。樹脂（レジンともいう）も歯科材料に使われている。紫外線によって架橋反応が進行し液体から硬い固体に変化する種類のアクリル樹脂[*2] が利用されている。紫外線照射によって短時間で人工歯を形成できるため，治療があっという間に終わる利点がある。近年では可視光（青色波長領域）で硬化するレジンも登場している。もともとの歯の色となじむように色の選択もできる。治療後にレントゲン写真を撮影するためと，十分な強度を出すために，レジンにはセラミックスの粉体が混ぜられているのが普通である。その他歯科の現場では，歯型や鋳型の材料や接着剤の材料として石膏，埋没剤，セメントなども使われている。

🐸 **架橋反応**

線状につながった分子の間を，橋を架けるようにつなげる反応。

[*2]　または PMMA，メタクリル樹脂ともいう。アクリル繊維とは異なる分子構造を持つ。

10-2-5　医療用プラスチック材料

　医用高分子材料または医療用プラスチックは，注射器，手術用手袋，輸液バッグなどのディスポーザブルな（使い捨ての）材料から，縫合材料，接着剤，人工腎臓などの人工臓器と，広範囲で利用されている。生体内で半永久的に利用するものもあるため，高い生体親和性や血液適合性が重要となっている。生体材料に求められる条件としては，生体適合性の他に，可滅菌性，生体安全性，生体結合性，生体機能性（生体機能代替等），耐久性（耐劣化，耐腐食，耐摩耗）などがある。**表 10-1** に，すでに利用されている人工臓器用の合成樹脂を示す。これらは主に糸状や織物状の形態で用いられることが多い。

表 10-1　人工臓器に用いられている合成樹脂の種類

人工臓器の種類	樹脂の種類
人工腎臓	再生セルロース，エチレン-ビニルアルコール共重合体，ポリアクリロニトリル，ポリメチルメタクリレート，ポリスチレン
人工肝臓	再生セルロース，ポリアクリロニトリル，ポリプロピレン
人工肺	各種合成繊維，ポリプロピレン
人工心臓	ポリエチレンテレフタラート
人工血管	テフロン，ポリエチレンテレフタラート
人工皮膚	ナイロン，コラーゲン
人工腱	テフロン，ポリエチレンテレフタラート，ナイロン
人工レンズ	ポリメチルメタクリレート，ヒドロキシエチルメタクリレート，シリコーン系メタクリレート

【10-3】　診断の化学

10-3-1　レントゲン装置

　レントゲン装置は，**X 線**が物質を透過する性質を利用した，ヒトの体の内部を調べるための装置である。人体の多くの部分を通り抜けるため，X 線に感度がある写真フィルムやカメラで撮影すると，透過した部分と透過しなかった部分にコントラストをつけた像を得ることができる。X 線は骨などの無機物質は透過しにくい。臓器や筋肉および腫瘍組織などによって透過度が違うため，濃淡に差が出て写真としてそれらの形を捉えることができる（**図 10-6**）。

　胃のレントゲン検査のためには「バリウム（造影剤）」を飲む必要がある。これは，バリウムが食道や胃を流れる動きが，食べ物が体の中を通る動きと同じであり，上部の消化管内が狭くなっていないかなどの異常をチェックすることができるためである。このバリウムと呼ばれるものは，硫酸バリウム $BaSO_4$ を水に分散させ，香料などを混ぜたものである。硫酸バリウムは水にはほとんど溶けず，消化器官から吸収されないので便となって排出されるため基本的には無害であり，これに代わるものはまだない。

🏥 レントゲン

エックス線装置（検査）のことをレントゲン装置（検査）と呼ぶのはエックス線を発見したドイツの物理学者の名前 Roentgen にちなんでいる。

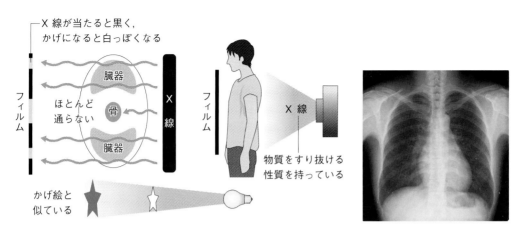

図 10-6　レントゲンの仕組みと実際の胸の写真（図は日経電子版ライフコラム子どもの学びより改写，
写真は大田東こども＆おとな診療所 HP より転載）

10-3-2　X 線 CT 検査と MRI 検査

　X 線 CT 検査と MRI（核磁気共鳴画像）はよく似ているが原理は異なっている。X 線 CT は，X 線源と検出器が回転して，投影データから X 線の吸収率の差を画像化する装置である（図 10-7）。レントゲン検査と同様に X 線で透過する物質を写真に捉えることはできない。一方で MRI の原理は，強い磁場の中で電磁波を体の観察したい部分に照射し，体内の水素原子の共鳴で振動した水素原子が発生する電磁波を電気信号に変換して画像にするものである。X 線を使わないので放射線による被曝はない。また X 線 CT ではテーブルを動かしながら撮影するので患者を動かすことになるが，MRI は患部または患者を測定用トンネル内まで動かした後は動かすことはない。MRI では水素をたくさん含む臓器や患部が明るい映像になり，脂肪や水分の少ないところは暗く（黒っぽく）なる。また MRI では強い磁場を得るために**超伝導磁石**を使っているが，そのために**液体ヘリウム**などで装置の一部を冷却する必要がある。

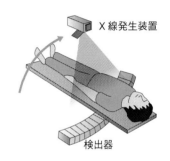

図 10-7　X 線 CT の原理

【10-4】　サプリメントや医薬品の化学

10-4-1　サプリメント

　サプリメント（supplement）は「補助・補完」という意味の言葉で，日本では明確な定義がないため，健康食品の一部として位置づけられていることが多い。アメリカでは従来の食品・医薬品とは異なるカテゴリーの食品で「ビタミン，ミネラル，アミノ酸，ハーブなどの栄養成分を 1 種類以上含む栄養補給のための製品で，通常の食品と紛らわしくない形状（錠剤やカプセルなど）のもの」と定義されている（表 10-2）。

　日本ではサプリメントを，ベースサプリメント（ビタミン類など），ヘルスサプリメント（イソフラボン，ローヤルゼリーなど），オプショ

表 10-2　サプリメントに配合されている代表的な成分

成分の種類	特徴
ビタミンや ミネラル	ビタミンやミネラルは、ヒトが生きていくうえで必須の栄養素であり、体内代謝に欠かすことができない。食生活の偏りによって不足しがちであることから、サプリメントの代表といえる。
アミノ酸 （タンパク質）	タンパク質の摂取不足を補うために、単体のアミノ酸やタンパク質の形で摂取できる。
脂質	バランスのよい脂肪酸の摂取は健康な体を保つために重要である。亜麻仁油、DHA、EPA などの補助的な摂取が推奨されている。
食物繊維	食物繊維は腸内環境を整え、便秘を防ぎ、大腸がんを予防するのに効果的であると考えられている。
ファイト ケミカル	ポリフェノール、カロテノイド、イソフラボン、カプサイシンなどは高い抗酸化力があり、美容や健康に効果があるとされている。
乳酸菌	腸内細菌のバランスを整えるための成分として利用されている。
その他の 準栄養素	コンドロイチン、グルコサミン、核酸、クエン酸、コラーゲン、青汁など、ある特定の効力に期待をして摂取することがある。

サプリメント（ブルーベリー、グルコサミンなど）のように分類することもある。

　また、サプリメントの錠剤やカプセルは、いくつかの方法で作られている。ひとつはタンパク質の一種のゼラチンを使ったソフトカプセルの中に成分を閉じ込める方法、他に粉末状のものを圧縮してペレット状にしたもの、そして糖衣の中に成分を閉じ込めたものなどがある。

10-4-2　医薬品合成

　世の中にはたくさんの医薬品が存在するが、そのうちの半分近くは天然生物資源由来の物質または二次代謝産物をもとに合成されている。具体的には微生物、植物、生薬や漢方、食品素材、海洋無脊椎動物などの天然生物資源（バイオマスともいう）に由来する有機化合物である。

　代表的な天然資源由来の例をいくつかあげる（**図 10-8**）。消炎鎮痛剤で有名なアスピリンは、ある種類のヤナギから採れるサリチル酸をもとにしたものである。抗マラリア剤のキニーネはアカキナノキの樹皮に含まれる有機化合物であるし、ストレプトマイシンと呼ばれるストレプトマイセス属の放線菌が作る特定の有機化合物は結核菌を殺す抗生物質である。一方で、世界医薬品売上ランキング上位の医薬品の多くが理工学部大学生が学生実験で習うレベルの有機合成反応で作られている。これ

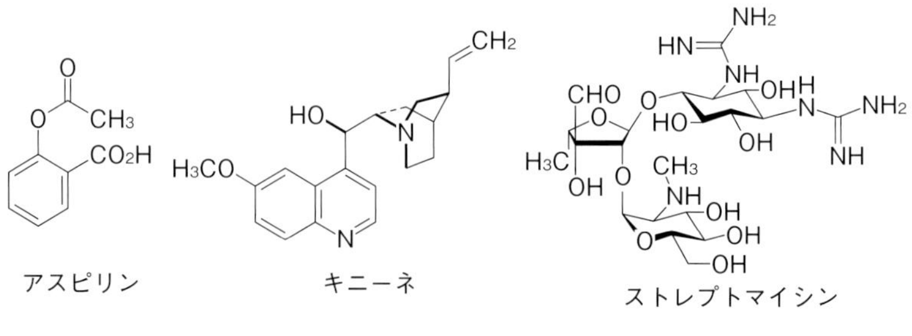

アスピリン　　　キニーネ　　　ストレプトマイシン

図 10-8　代表的な天然資源由来医薬品

は石油など由来の炭水化物から合成されるものもあれば，天然生物資源
由来の物質を原料とすることもある。近年では分離や分析技術の発展に
より，化学構造が特異で強力な生物活性をもつ化合物が，以前は見つけ
出すのが困難であった地下深くの土壌や海の生物からも次々と発見され
ている。

【10-5】 衛生商品を支える化学

　吸水性ポリマー（吸水性樹脂）とは，水との親和性が高いために水分
子をたくさん吸収し，それを安定した状態で保持する「吸水力」と「保
水力」を有する高分子重合体のことである（**表 10-3**）。この吸水性樹脂
の特徴を活かして，紙おむつや生理用品などの衛生関連用品の他，環境
緑化・植栽分野，土木・工業分野，医療用具分野，食品包装分野など，
その用途は今もなお広がっている。

表 10-3　高吸水性樹脂の種類

合成樹脂系	ポリアクリル酸塩系，ポリスルホン酸塩系，無水マレイン酸塩系，ポリアクリルアミド系，ポリビニルアルコール系，ポリエチレンオキシド系，ポリアミン系 等
天然物由来系	ポリアスパラギン酸塩系，ポリグルタミン酸塩系，ポリアルギン酸塩系，デンプン系，セルロース系，ポリグリコール酸系 等

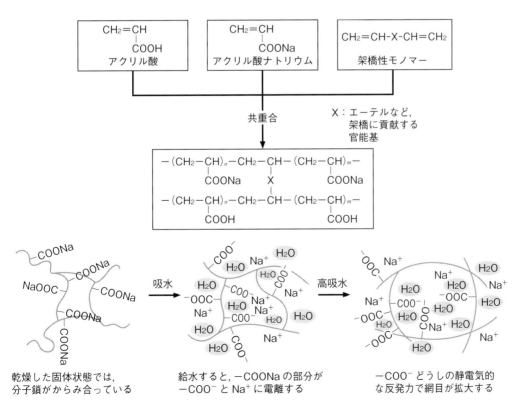

図 10-9　ポリアクリル酸ナトリウム高吸水性ポリマーの合成反応（上）と吸水の仕組み（下）

　　ポリアクリル酸塩系高吸水性ポリマーの重合方法は，アクリル酸，ア
クリル酸塩，架橋性モノマーを共重合して得られる（**図 10-9 上**）。軽度
に架橋した網目構造で，側鎖にある -COONa 基が親水性を示し，たく
さんの水を含むとイオン解離を起こす。ポリマー内でナトリウムイオン
（Na^+）が放出され内側の Na^+ 濃度が高まると，外側の水との濃度差が
でき，水をポリマー中へと取り込む力が働く。ゲル化進行中の水の吸収
力は浸透圧による（**図 10-9 下**）。

コラム　ヘリウム不足と医療・研究現場

　現在，世界中でヘリウムガスが不足している。医療
の現場では MRI 運用のために液体ヘリウム（沸点
−269 ℃）が必要である。研究分野で超伝導磁石や
分析機器（ガスクロマトグラフィーなど）を稼働する
ためにも必要で，その他スーパーコンピューターや
IT 機器の生産や稼働にも使われている。世界での需
要はどんどん膨らむ一方で，不足の事態が年々ひどく
なっている。

　ヘリウム He は貴ガスの一つで他の物質とほとんど
反応することなく，また原子番号 2 番のとても軽い
単体の元素であるため容易に大気から宇宙へと放出さ
れる性質を持つ。地球の地下深部に存在するウラン U
とトリウム Th が，長い年月をかけて放射性崩壊する
過程でヘリウムができる。アメリカでは中西部の天然
ガス井戸に限られ，カンザス州，オクラホマ州，テキ
サス州西部で産出されている。

　ほとんどのヘリウムは天然ガスといっしょに地下深
くから取り出され，低温下で複雑な分離工程を経て生

産されている。世界の約 44 ％ がアメリカで生産され
ており，日本は完全に輸入に頼っている。USGS（米
国地質学研究所）によると，あと 150 年分くらい採
掘可能な量が地下に眠っていると推計されているが，
連邦政府の意向により米国で生産されるヘリウムは自
国のためだけに使われ，基本的な海外輸出は近々ス
トップすることになっている。またバイデン政権によ
る環境への配慮などから多くの天然ガスをはじめとす
る化石燃料の採掘や分離，精製プラントが閉鎖されて
おり，その影響でヘリウムの生産量が非常に少なく
なっている。その他，中国における需要拡大，新型コ
ロナウイルスの感染拡大による世界の輸送麻痺，ロシ
ア-ウクライナ紛争などの影響を受けて，日本へ輸入
されるヘリウムがかなり減少する事態が数年ほど続い
ている。

　医療の現場では，例えば 2019 年 4 月国立病院機
構静岡医療センターにて，ヘリウムが確保できず脳の
MRI 機器による検査を停止するなどの事態になった。
ヘリウムを確保できたとしても価格は著しく高騰して
いる。

　研究の現場ではできる限りリサイクルをして使うこ
とや，ヘリウムの代替ガス（水素ガスやアルゴンガス
など）で装置などを運用できるよう工夫し始めてい
る。リニアモーターカーの運用でもヘリウムを使わな
い方向で研究開発が進んでいる。

　医療の現場でも，高温超伝導磁石を導入することで
液体窒素（沸点 −196 ℃）によって稼働できる MRI
が開発されて，マウスなどの試験では成功しており，
近いうちにヒトへの実用化が期待されている。

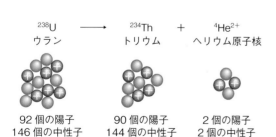

図　ヘリウム原子核（α粒子）の生成
　α粒子は物質と反応して電子を受け取り，ヘリウム
　原子（ヘリウムガス）となって地上に放出される。

例題 10-1　レントゲン装置や X 線 CT スキャンの他に，X 線を応用した技術にどのようなものがあるか調べてみよう。

例題 10-2　サプリメントによく含まれているビタミン類のうち，水溶性のものとそうでないもの（脂溶性）の種類をいくつか調べてみよう。また水溶性かどうかについて，そのビタミンの化学的な分子構造からいえることがあるかどうか考察してみよう。

例題 10-3　ベンゾピレンはベンゼン環がつながった構造をしている。炭素と水素がいくつあるか，構造を確認しながら数えてみよう。

例題 10-4　本文で紹介したいくつかの歯科材料について，金属，合金，セラミックス，樹脂などの元素記号，組成式または分子構造などを示してみよう。

●文献・サイト

1) 独立行政法人 国立環境研究所：アレルギー反応を指標とした化学物質のリスク評価と毒性メカニズムの解明に関する研究 −化学物質のヒトへの新たなリスクの提言と激増するアトピー疾患の抑圧に向けて−（特別研究）．平成 14 〜 16 年度

2) 高野裕久：総説 特別講演 1 環境汚染と免疫・アレルギー．臨床環境医学，**25**(2)，61-68 (2016)

3) 公益社団法人 日本薬学会 HP「薬学用語解説」　https://www.pharm.or.jp/dictionary/wiki.cgi

4) 早乙女進一：人工臓器−最近の進歩 人工骨．人工臓器，**43**(3)，185-188 (2014)

5) 理化学研究所 HP「研究成果 あなたの骨を作ります −高い強度と骨置換性を持つ人工骨を 3D プリンターで製作する（2018）」
   https://www.riken.jp/press/2018/20180414_1/index.html

6) みんなの試作広場 HP「様々な用途で用いられる，「生体適合性樹脂」「吸水性樹脂」「ガスバリア性樹脂」」(2018)
   https://minsaku.com/category01/post213/

7) 小川邦康：入門講座 イメージング MRI（磁気共鳴画像法）．ぶんせき，1 月号，2-10 (2019)

8) 厚生労働省 HP「医薬食品局食品安全部 健康食品の正しい利用法」
   https://www.mhlw.go.jp/topics/bukyoku/iyaku/syoku-anzen/dl/kenkou_shokuhin00.pdf

9) 長谷川二郎・福井壽男：歯科用貴金属材料の現状と期待．小特集 生体材料の現状と展望，まてりあ，**37**(10)，827-833 (1998)

10) 理化学研究所 HP「研究最前線 実験を止めない！ 理研のヘリウムリサイクル」(2022)
   https://www.riken.jp/pr/closeup/2022/20221017_1/index.html

11) USGS Estimates 306 Billion Cubic Feet of Recoverable Helium in the United State.
   https://www.usgs.gov/news/national-news-release/usgs-estimates-306-billion-cubic-feet-recoverable-helium-united-states

第**11**章 毒の化学

毒は大いに化学と関係があるといえる。毒を持ったハチに刺されたり毒ヘビにかまれたりすると，痛いだけでなくその毒が体に回って最悪の場合には死に至ることもある。基本的には毒性を示す化学物質に対して体が何らかの反応を示すことによる。その化学物質に対する体の反応の仕方が異なるため，毒の発現の仕方も異なっている。天然毒だけでなく，人工的な合成化学物質の中にも毒性物質はたくさんある。この章では，毒性物質による毒の発現の仕組みについて理解を深め，解毒方法や毒にまつわる話題を化学的に理解する。LD50 や一日摂取許容量（ADI）などの毒の許容範囲や，毒性の評価法についても学び，これまでに学んだ農薬，食品添加物，肥料などの毒性についても考えてみよう。

【11-1】 毒が発現する仕組みと経路

毒または毒性は基本的に物質固有の性質であることが多い。21 世紀になってからは，毒性の具体的な内容が，各生物種の個体や体内の器官から細胞や分子レベルの現象にまで理解が深められている。

世界保健機関（World Health Organization: WHO）の IPCS（国際化学物質安全性計画）事業によるリスク評価関連用語で，**毒性**とは「有害な生物影響を引き起こす物質に固有の性質」と定義されている。また，環境省の用語辞典によると**有害性**とは「化学物質の持つ物性（融点や分解性）とともに固有の性質の一つで有害さを示す度合い」と定義されている。このように毒性と有害性は同じような意味合いで使われることが多い。そもそも日本語の「毒」は，英語圏では "poison"，"toxin"，"venom" などと分けて使われている。poison は毒全体を意味することが多く液体のイメージがある。toxin は「毒素」と訳され，venom は昆虫や爬虫類の「毒腺」に由来する言葉である。

毒性の発現については，「量−反応関係」ともいわれており，**図 11-1** のように，その有害性を持った物質が，体または臓器などに暴露される量やどれだけの時間暴露されたか（どれだけ反応したか）によって発現の仕方が異なってくる。

$$\text{「化学物質の環境リスク」}=\text{「有害性」}\times\text{「暴露量」}$$

と表現することもできる。

有害性のある物質が体内に取り込まれる経路は主に，1）飲用品や食品による経口摂取，2）呼吸とともに摂取する肺吸収，3）皮膚や粘膜を通じる皮膚吸収，の三つである。リスクを低減したり解毒対処をしたりするためには，その有害性のある物質の暴露量を把握するために大気や水中での濃度を知ること，そしてその物質の化学的な性質を知ることも

図 11-1 毒性発現の三大要素

重要である。

【11-2】 天然毒の例

　植物の毒素の例としては，ウメやバラ科植物に見られる青酸配糖体，ジャガイモの青い部分や芽に含まれるソラニン，サトイモやホウレンソウに見られるシュウ酸 $(COOH)_2$，トリカブト類のアコニチン（アルカロイドの一種）などがあり，微量で猛毒のものもある。さらに天然に存在する動物毒には，ニホンマムシなどのヘビ類や，サソリ類，クモ類，ハチ類，フグ類，貝類などがある。これらのように特定の毒素が作用することもあれば，**アナフィラキシー**のように，例えばハチの毒素の毒によるというよりは，自己免疫の逆現象によってショック症状が見られ死亡してしまうものもある。

🐝 アナフィラキシー

ハチにたびたび刺されると，ホスホリパーゼなどが抗原となって全身的な急性炎症反応，浮腫，分泌物（ヒスタミンなど）による気道の閉塞，呼吸困難，血圧低下などが起こり，短時間で死に至ることもある。このような激烈な免疫反応をアナフィラキシーという。

【11-3】 毒の種類

　毎日の食事に欠かせない食塩（塩化ナトリウム）も大量に摂取すると毒性を示すし，また医薬品も過量に用いると本来の薬理作用を超えて副作用またはそのものの作用が毒性へと変わる。化学的な性質による毒性の分類は**表 11-1** のとおりである。

表 11-1　化学的性質による毒性の分類（文献[1]による）

分類	有害影響（直接影響）	物質例
物理化学的性質 ① 高浸透圧 ② 強酸 / アルカリ性 ③ 強酸化 / 還元 ④ 難溶性	①②③ 細胞死，炎症 ④ 肺線維症，中皮腫	① 塩化ナトリウム ② 硫酸，塩酸 / 　水酸化ナトリウム ③ オキシダント / 硫化水素 ④ アスベスト，二酸化ケイ素
化学反応性 ① 親電子性物質による共有結合 ② オキシダント / ラジカルによる過酸化 ③ SH 基親和性物質による配位結合	①② 細胞死，核酸・酵素機能阻害，増殖阻害 ③ 酵素・タンパク質機能の阻害，アレルギー性接触皮膚炎	① アルキル化剤，多環芳香族炭化水素類 ② オゾン，塩素ガス，パラコート ③ 水銀，鉛などの重金属塩，アレルゲン
生化学的反応性 ① 受容体への結合 i) 受容体活性化の阻害 / 亢進 ii) 毒性物質の仲介 ② 抗原抗体反応	① 炎症，免疫 / 内分泌 / 神経異常 i) 酵素活性阻害，神経毒性 ii) 内分泌撹乱，免疫毒性 ② アレルギー，自己免疫	① i) 有機リン系殺虫剤 ii) 環境エストロゲン，ダイオキシン類，シクロスポリン A ② 食物アレルゲン，抗体等タンパク医薬

11-3-1　急性毒性と慢性毒性

　急性毒性とは，化学物質に暴露してから数日以内に発症または死に至る毒性をさす。一方で**慢性毒性**とは，化学物質に数か月暴露することによって発症または死に至る毒性をさす。**発がん性**や**催奇形性**も慢性毒性

の一つである。急性毒性に比べ低濃度で現れることがほとんどである。発がん性は、化学物質を実験動物に暴露して腫瘍や前がん細胞の有無などによってランクづけされる。催奇形性とは、発生途中の胎芽や胎児に影響を与え、形態的な異常を生じさせる性質である。放射線やウイルス、また**サリドマイド**などの薬剤がその原因となりうる。慢性毒性の物質には、摂取してから数年たってから影響が現れるものや、ほとんど自覚症状のないままのものもあるため、普段からの生活に注意が必要である。

11-3-2　生殖毒性

　生殖毒性とは、男女両性の生殖機能や次世代児に対して有害な影響を及ぼす作用で、女性（雌）では妊孕性（妊娠するための力）、妊娠、出産、母乳および哺育行動への影響など、男性（雄）では受精能への影響などのことである。多くの化学物質が精巣毒性を示すことがわかっている。これらの多くにおいてヒトのホルモンバランスを破壊する可能性をもつ**内分泌撹乱物質**（通称、**環境ホルモン**）の影響が懸念されている。性ホルモン以外にも成長ホルモンや、血糖値を下げるインスリン、副腎髄質ホルモン（アドレナリン、ノルアドレナリン、甲状腺ホルモン）などもそれらによって撹乱される可能性がある。

　内分泌撹乱物質は、環境中に存在する化学物質のうち、生体にホルモン様作用を引き起こしたり、逆にホルモン作用を阻害したりするもので、一般に環境ホルモンとも呼ばれる。2003（平成15）年5月の政府見解で、「内分泌系に影響を及ぼすことにより、生体に障害や有害な影響を引き起こす外因性の化学物質」と定義された。

11-3-3　微生物などによる食中毒

　天然に存在する細菌、ウイルス、真菌が食品に混入することがある。カンピロバクターやノロウイルスなどによる食中毒について耳にすることもあるだろう。また、微生物自体ではなく微生物の産生する物質による食中毒もある。他には、魚介類に付着した細菌の増殖により魚肉に含まれるヒスチジンからヒスタミンが形成されアレルギー様食中毒を引き起こすこともある。

　ボツリヌス菌が作るボツリヌストキシンAは少量でも人体に強烈な毒性を発揮する。破傷風菌はヒトを苦しめてきた長い歴史を持つ。赤痢菌から大腸菌に毒素遺伝子が移動したといわれるベロ毒素は、青酸カリ（KCN；シアン化カリウム）の1000倍以上の毒性を持つとされる。ジフテリア菌はジフテリア毒素を作る遺伝子を持たず、その菌に感染しているバクテリオファージ（細菌に感染するウイルス）が持っている遺伝子によって作られる（p.112の表11-2参照）。

男性ホルモンのテストステロン（上）と女性ホルモンのエストラジオール（下）の分子構造

環境ホルモン性が疑われているものの例。上からダイオキシン、2,4-ジクロロフェノキシ酢酸（除草剤）、ビスフェノールA（可塑剤）

11-3-4 選択毒性

農薬のひとつの有機リン系殺虫剤は**選択毒性**を利用して開発された。この殺虫剤はヒトや動物の体内では有機リン系の分子が容易に代謝されて分解されるが，駆除対象となる昆虫では代謝されにくい。そのため量−反応関係の差が明らかにヒトと昆虫で異なり，昆虫に対してだけ選択的に毒性反応 (アセチルコリンエステラーゼ阻害) が現れる。このような，ヒトや家畜とそれ以外の生物種の代謝能の差による選択毒性は，農作物の有害生物やヒトの病原体を駆除する農薬，抗菌剤，寄生虫駆除農薬などを開発するために利用されている。

☸ 予防接種による毒に対する防御の例
ジフテリア・百日咳・破傷風は DPT ワクチンにより予防され，多くの国で子どもたちに接種されている。このワクチンは菌に対する抗体を作る仕組みではなく，毒素を不活化したトキソイドワクチンで，このワクチンの接種によって毒素に対する抗体を得ることができる。

【11-4】 毒 の 評 価

毒性について評価する代表的な方法を紹介する。

11-4-1 無毒性量 (NOAEL[*1])

ラットやマウスなどの実験動物を使って，毎日一定の量の物質を食べさせ，一生食べ続けても「有害な影響が見られない最大の用量」のことである。

*1 no-observed-adverse-effect level の略称。最大無作用量とも呼ばれる。

11-4-2 一日摂取許容量 (ADI[*2])

食品添加物や農薬などのように，意図的に食品に使用される物質について，一生涯毎日摂取しても健康への悪影響がないとされる一日あたりの摂取量のことである。意図的に使用していないにもかかわらず，食品中に存在する重金属やかび毒などの物質については，ADI の代わりに TDI (**一日摂取耐容量**) という用語が用いられる。どちらも体重1kg あたりの質量として，「mg/kg 体重/日」の単位で示される。当該の物質について，その NOAEL の通常 100 分の 1 として求められる (**図 11-2**)。NOAEL を求めることができないときは，有害な影響が現れる最低の用量，最小毒性量 (LOAEL) から計算する。

*2 acceptable daily intake の略称。

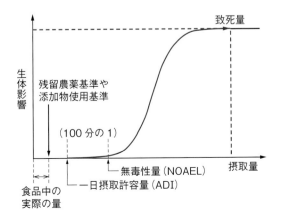

図 11-2 一日摂取許容量の考え方

11-4-3　半数致死量 (LD50)

　急性毒性の指標のひとつで，投与した動物の半数が死亡する量をいう。LC50[*3]は空気中または水中の濃度として用いられる。通常は動物の体重1 kgあたりの投与重量「mg (mg/kg)」で表示する。例えば，洗剤成分であるアルキルベンゼンスルホン酸ナトリウムをラットへ経口投与した場合，LD50は2000 mg/kgであるのに対し，淡水魚の場合，LC50は2～5 mg/Lなど，実験対象となる動物によって結果に幅がある。**表11-2**に，致死量が高い毒素として知られているものについてLD50の値とその毒素の由来を示した。ごくわずかの量で影響を与える毒素もたくさん存在することがわかる。

*3　50 % lethal dose または 50 % lethal concentration を略してそれぞれ LD50 または LC50 と書く。50を下付き表記にして LD50 などと示す場合もある。

表 11-2　致死量の高い毒素の例（文献[5]より）

名称	LD50 (mg/kg)	由来
ボツリヌストキシン A	0.0000011	ボツリヌス菌
テタノスパスミン	0.000002	破傷風菌
マイトトキシン	0.00017	藻類
ベロ毒素 (VT1)	0.001	志賀赤痢菌 大腸菌 O157 など
バトラコトキシン	0.002	ヤドクガエル
テトロドトキシン	0.01	フグ・ヒョウモンダコなど
VX	0.015	化学兵器
コレラ毒素	0.026	コレラ菌
ジフテリア毒素	0.1 ～ 0.3	ジフテリア菌
アコニチン	0.3	トリカブト
サリン	0.5	化学兵器
ヒ素（亜ヒ酸）	2	鉱物
青酸カリ	5 ～ 10	無機物

　上述のADIのようにNOAELが明確な毒性物質もあるが，例えば発がん物質が遺伝子に作用して悪性腫瘍を作る場合は，どんなに少量でも発がんの可能性を持っていると考えられている。そのような化学物質に対しては，NOAELやTDIを議論することができない。**図11-3**が示すように，影響の発現する摂取量または暴露量をその物質の**閾値**（またはしきい値）ということもある。

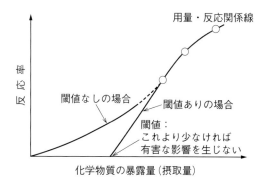

図 11-3　毒性物質の摂取量と生体影響の関係（文献[3]より改写）

【11-5】 毒による事故への対処方法
―解毒方法―

　毒が体外に排泄されるまでの体内動態としては，吸収，分布，代謝，排泄の四つの過程がある。先に述べたように，解毒方法を知るためには，その有毒物質の化学的な性質を知ることが重要である。例えばその物質が光や酸素によって分解しやすいかどうか，水に溶けやすいかどうか，水と反応しやすいかどうか，などである。毒のリスクを避けるためには，毒が体に入るのを予防することが最も大切である。不慮の事故などによって万が一，毒素を体に取り入れてしまった場合には，素人判断をせずに救急車を呼ぶなど専門家による治療が必要である。しかし救急車が到着する前などの応急処置としては次のような対処が推奨されている。

　眼や皮膚が毒で汚染されたとき，大量の水道水で洗うことで以降の重傷を免れることがある。場合によっては食塩水，またはセッケン水などで洗浄する。衣服に毒劇物が付いた場合にはすぐに脱がせて対処する。

　飲み込んだときには，水や牛乳を飲ませる。牛乳には，胃壁を保護し毒劇物の働きを弱める作用がある。ただし防虫剤や石油製品の誤飲時は牛乳を飲ませてはいけない。また，可能であれば喉（のど）の奥を刺激して吐かせて排出させる。吐いた物が気管に入らないような注意が必要である。意識がないときや痙攣（けいれん）を起こしているときは，吐かせることはしない。また強酸や強アルカリの誤飲は食道の炎症を招くことがあるので，やはり吐かせることはしない。

　公益財団法人 日本中毒情報センターは「中毒情報のプロフェッショナル」として，家庭での身近な毒物による事故や化学物質による事故などにおいて，薬学を通して国民の健康・医療に貢献している。センターに電話などで相談することもできる。

（中毒110番・電話サービス，

つくば：029-852-9999，大阪：072-727-2499）

【11-6】 毒性物質（化学薬品）の安全な保管方法とリスク削減の工夫

　化学薬品の多くにも毒性のものが見受けられる。化学薬品を扱う人，管理をする人がそれぞれの薬品の性質を理解することが，それらの安全な保管とリスク削減に効果的である。以下に要点をまとめる。

1）設備が十分であること

　耐薬品性の薬品庫があり，それが施錠可能であること，ミストの発生するものについては換気を行い続けられる部屋であること，地震や洪水など自然災害への対応が可能なこと，が大切である。薬品庫自体が壁や床にアンカー打ちされるなどの転倒防止措置がとられている必要があ

る。薬品庫の中にトレイが設けられていない場合は，万が一大きく揺れるか転倒したときに備え，試薬瓶の転倒の際の飛散防止の対応をするなどの必要がある。

2) 可燃物および危険物，毒物の扱い

火事や中毒などが生じないためにも，どこにどの薬品がどのような状態で管理されているかを帳簿に記録するのがよい。このような薬品については，使用量や購入量を管理しておくことと，薬品および帳簿の管理者がだれであるかについて組織が把握しておく必要がある。また，可燃性，毒性などのラベルかシールを，それらの特性を持つ薬品の入っている薬品庫に貼って示す必要がある。

3) 使用後の薬品の廃棄の仕方

薬品によってはそのものが毒性であったり，環境に対して有害性があったりする。またはそれ自身の有害性や毒性が強くなくても，何かと混ぜることによって毒性を発現することもある。9-2-3項で触れたように，次亜塩素酸ナトリウムなどは家庭用の漂白剤としても汎用されるが，「混ぜるな危険！」と表記されているものは，酸性の溶液と混ぜると有毒な塩素ガス Cl_2 を発生するために注意が必要である。

$$NaClO + 2HCl \longrightarrow NaCl + H_2O + Cl_2$$

薬品は，丁寧に分別して適切な廃液あるいは廃薬品専用の容器を設けて保管し，組織や自治体などのルールに従いながら廃棄する。特に注意が必要な薬品の廃棄についていくつか紹介する。

シアンを含む廃液は，pH 11 以上のアルカリ性にしてできるだけ速やかに廃液回収に出すことが望ましい。シアン化物イオンは酸性にすると**シアン化水素** HCN（猛毒の気体）を発生し大気中に拡散する可能性がある。水酸化ナトリウムなどでアルカリ性にする必要がある。

フッ化水素酸（HF）の廃液は皮膚に触れると大変危険である。ディスポーザブルポリ手袋と，ナイロン製など天然繊維でない白衣を着用して扱い，専用のポリタンクに集めるようにする。

有機酸と**無機酸**をいっしょにしない。**有機過酸化物**を含んだ廃液に万が一濃い無機酸（硫酸など）を混ぜると，希釈熱により有機過酸化物が分解して可燃性混合気が発生して爆発することがある。有機過酸化物に対して，体積で約10倍量を目安とした20 % 水酸化ナトリウム水溶液を準備し，有機過酸化物を撹拌しながら少しずつ混ぜると分解することができる。分解には12～24時間程度かかり，若干の発熱を伴う。有機過酸化物がカタカナの場合には，パーオキシ…，あるいは…パーオキサイドという名前が付いている。

銀鏡反応の廃液にも注意が必要である。銀鏡反応の実験は，硝酸銀とアンモニアで錯イオンの水溶液を作り，アルデヒドで還元して銀を析出するというもので，その廃液処理を間違うと爆発の危険性がある。アン

モニア性の硝酸銀の状態で置いておくと爆発性の雷銀（AgN_3 と $AgNH_2$ が混ざり合ったもの）が意図せず生成されることがあるので，廃液容器に食塩などを加えて塩化銀として沈殿させておくのがよい。

4）危険物の管理

「危険物」とは，火災・爆発・中毒などを引き起こす危険性のある物質の総称であるが，危険物に関しては「消防法」と「毒物及び劇物取締法」によって取り扱い方法が定められている。消防法で定められている危険物の分類と特徴および物質例を**表 11-3** に示した。

表 11-3　危険物の種類

種類	特徴	物質例
第 1 類	酸化性固体（そのもの自体は燃焼しないが他の物質を強く酸化する固体）	塩素酸塩類（$NaClO_4$ 等），硝酸塩類（KNO_3 等），ヨウ素酸塩類（KIO_3 等），過マンガン酸塩類（$KMnO_4$），重クロム酸塩類（$K_2Cr_2O_7$ 等）
第 2 類	可燃性固体（着火や引火しやすく消火しにくい固体）	硫黄 S，鉄粉等金属粉，赤りん P 等
第 3 類	自然発火性物質及び禁水性物質（空気中や水との反応で発火しやすい物質）	ナトリウム Na・カルシウム Ca（金属），黄りん P_4，金属の水素化合物（LiH 等），炭化カルシウム CaC_2 等
第 4 類	引火性液体（液体であって引火しやすい物質）	ジエチルエーテル，アセトアルデヒド，二硫化炭素 等
第 5 類	自己反応性物質（比較的低い温度で爆発的に反応したりする物質）	ニトログリセリン，ピクリン酸，ジアゾ化合物 等
第 6 類	酸化性液体（そのもの自体は燃焼しない液体で可燃物の燃焼を促進する物質）	過酸化水素 H_2O_2，硝酸 HNO_3，過塩素酸 $HClO_4$ 等

危険物を指定された数量以上保管したり取り扱う場合には，危険物取扱者（国家資格保持者）が対応しなければならない。また，いくら少量であっても消防法および毒物及び劇物取締法に従った管理をしなければならない。

消防法では，危険物は原則として危険薬品庫に保管することとなっている。やむを得ず研究室などで保管する必要があるときは指定数量の 1/5 未満とし，薬品戸棚などに適切に保管する。また，危険物を保管している場所には見やすい位置に標識（「危険物保管庫」と記載）が必ず掲示されている必要がある。また，危険物は類ごとに分け，医薬用外劇物，医薬用外毒物，火気厳禁などの表示をして，互いに接触しないようにして保管し，薬品戸棚などは床または壁に固定し，直射日光を受けず，温度変化の少ないところに設置する。衝撃で爆発する可能性のある薬品はなるべく低いところに置き，地震などによって落下しないように仕切り板を付けた薬品戸棚などに整理整頓して保管する。ラベルの取れたものや，汚れて不明瞭になったものは，直ちに新しいものと取り換える。最後に薬品戸棚などの付近では火気を使用しないことも重要である。

コラム　化学品の分類および表示に関する世界調和システム：**GHS**

　化学物質は過去に公害発生の原因となり，いまでも環境への影響が懸念されている。世界各国で厳しい管理が行われるように交際協力体制が組まれている。例えば「残留性有機汚染物質に関するストックホルム条約（POPs 条約）」などの化学物質対策に関わる国際条約，「国際的な化学物質管理のための戦略的アプローチ（SAICM）」，「化学品の分類および表示に関する世界調和システム（GHS）」，経済協力開発機構（OECD）における化学物質対策の取組みなどがあげられる。

　以下に GHS（Globally Harmonized System of Classification and Labelling of Chemicals）による表示方法を紹介する。GHS は 2003 年 7 月に国際連合から勧告され，日本を含め各国で化学薬品の分類や表示が導入されている。危険有害薬品の世界的に統一された表示システムで，絵表示（ピクトグラム）となっているので薬品の特性を一目で知ることができる。

火薬類・有機　　引火性・可燃　　酸化性物質　　急性毒性　　急性毒性
過酸化物など　　性物質など　　　など　　　　（高毒性）など　（低毒性）など

呼吸器感作性・　高圧ガス　　皮膚の腐食・　水性環境
発がん性など　　　　　　　　眼の損傷性など　有毒性

例題 11-1　次亜塩素酸ナトリウムは水道水の殺菌，プールの殺菌などに使われる薬品である。混ぜてはいけない酸（塩酸）の濃度はどれくらいと考えられるか，第 9 章の図 9-4 を参考に考えてみよう。

例題 11-2　エタノール（酒や消毒用アルコールの成分）のヒト経口致死量（大人）は 6 mL/kg（100 ％濃度）程度といわれている。体重 60 kg の大人に対して，アルコール度数が 12 ％のワイン約何 L が致死量に相当するか。

例題 11-3　硫化水素 H_2S は特徴的な腐卵臭を持った気体で，温泉地を含む火山地帯，天然ガスや石油の採取場，労働現場などでも発生する。その発生の由来や，硫化水素の毒性について調べてみよう。

例題 11-4　有機酸と無機酸にはどのような種類があるか調べてみよう。

例題 11-5　高圧ガスは，注意を促すためにボンベに色付けがされている。水素ガス，酸素ガス，ヘリウムガス，二酸化炭素（炭酸ガス）の各ガスボンベの色について調べてみよう。

●文献・サイト

1) 大沢基保：総説 毒性概念の変遷と毒性試験の動向．秦野研究所年報，**41**，8-20 (2018)

2) 厚生労働省 HP「食品衛生分科会 参考資料」
https://www.mhlw.go.jp/content/11131500/000546915.pdf

3) 独立行政法人 製品評価技術基盤機構 HP「化学物質のリスク評価について －よりよく理解するために－5」
https://www.nite.go.jp/chem/shiryo/ra/about_ra5.html

4）日本中毒情報センター HP　https://www.j-poison-ic.jp/

5）鈴木　勉 監修『毒と薬』（大人のための図巻）．新星出版社（2015）

6）環境省 HP「保健・化学物質対策 GHS とは…」　https://www.env.go.jp/chemi/ghs/

7）菊池武史：反応性化学物質の安全管理と危険性評価 －その 1－．安全工学，**43**（3），195-200（2004）

8）総務省消防庁 HP「（初心者のための）化学物質による爆発・火災等のリスクアセスメント入門ガイドブック」
　　https://www.fdma.go.jp/relocation/neuter/topics/fieldList4_16/pdf/h28/01/05-3.pdf

9）厚生労働省 HP「化学物質を安全に取り扱うための ラベル・SDS・リスクアセスメント制度について（労働安全衛生法関係）」（2018）
　　https://www.fdma.go.jp/relocation/neuter/topics/fieldList4_16/pdf/h30/risk_assessument_label.pdf

10）G. C. White：Handbook of Chlorination and Alternative Disinfectants．4th ed.，NY，John Wiley & Sons, Inc.，pp. 217-219（1999）

第**12**章 環境問題の化学

私たちの経済活動の多くが地球の自然環境に負の影響を与えている。建築物や紙を作るために森林を伐採することで砂漠化が進んだり，鉱石などの採掘で水質や土壌が汚染されたりしている。また，金属の精錬工場や輸送機関を動かすために化石燃料を燃やすことにより，二酸化炭素や硫黄酸化物や煤（すす）などで大気が汚染されている。産業界や私たちの家庭からは毎日のように廃棄物（ごみ）が出続けている。このような様々な環境問題のいくつかに注目して，化学的に理解することにチャレンジしてみよう。地球環境問題やごみ問題，プラスチックのリサイクルなどについて，化学の知識がいかに役立つかなどを実感してもらいたい。

【12-1】 大気環境の化学

大気が有毒または有害な物質によって汚染されることを**大気汚染**という。有害な物質は，工場排ガスなど発生源から直接的に生じる場合もあれば，二次的，三次的に発生することもある。二次的，三次的に発生するものは環境などの影響を受けて，違う形になってより大きな環境負荷や健康被害を与える。例えば，塗料や溶剤に使われる成分のうち，蒸発して大気に拡散したあとに太陽光中の紫外線や酸素の影響で発生する光化学オキシダントなどである。大気汚染由来の呼吸器系疾患は，開発途上国から先進国に至るまで大きな健康問題のひとつとなっている。

12-1-1 酸性雨

化石燃料などの燃焼によって発生する排煙や排ガスには，硫黄酸化物 SOx（SO_2 や SO_3）や窒素酸化物 NOx（NO や NO_2）が含まれていることがある。SO_2 などの硫黄酸化物は，石炭を多く使う火力発電所，工業用ボイラー，および非鉄金属精錬所から出るものが多いとされる。石油や石炭にはもともと硫黄分や窒素分が含まれており，燃焼過程でそれらが酸化され，さらに空気中の窒素も酸化されることによって，SOx や NOx が発生してしまう。これらが空気中に放出されると，ヒドロキシルラジカル・OH（9-3-3 項）による酸化を経て，空気中に存在する水分と容易に反応して硫酸 H_2SO_4 や硝酸 HNO_3 に変わる。さらにこれらが雲粒に取り込まれると硫酸雲や硝酸雲となり，強い酸性を持つ霧，雨，雪などとなる。人為的な活動だけではなく，火山活動など自然由来でも酸性雨が発生することもある。

SOx や NOx によって酸性になった雨を酸性雨と呼び，pH（3-2-1 項）が 5.6 以下の雨や雪が酸性雨と定義されている。この定義は，大気中に

約 0.04 %（= 400 ppm）存在する二酸化炭素 CO_2 が水に溶けて平衡状態になると pH = 5.6 を示すことによる。酸性の度合いは雨粒の大きさにも依存する。直径 0.2 mm 以下の霧雨の場合が最も強い酸性を示し、pH = 1 程度になることもある。大粒の雨の場合には、多くの水分によって酸性物質が希釈されるので pH はそこまで下がらない。酸性雨による環境への被害は多様であるが、湖沼や河川などの陸水が酸性化されて水性生物が死滅したり、土壌の酸化によって樹木が枯れたりする他、歴史的建造物の被害も報告されている。

12-1-2　オゾン層破壊

成層圏のオゾンがフロン類（**図 12-1**）など人工的な化学物質の影響によって分解するため、有害な紫外線を遮断してくれる**オゾン層**が薄くなることがわかっている。南極上空では、高度 40 km 付近の上部成層圏でオゾンの分解によってオゾン層が薄くなり、穴（いわゆる**オゾンホール**）が 1980 年ごろから NASA によって観測されている（1-4 節）。現在のオゾンホールは南極大陸の面積よりも大きい。オゾンホールは毎年、南半球の冬季から春季にあたる 8〜9 月ごろに発生して大きくなり、11〜12 月ごろに消滅する変化を繰り返している。

オゾンの化学的な分解は、太陽からの紫外線（UV-C）によってフロンから塩素ラジカル（・Cl）が発生し、繰り返しオゾンを分解し続けることによる（**図 12-2**）。オゾン層破壊により懸念される人類への影響は、これまではオゾン層によってカットされていた太陽からの紫外線量が地上で増加することである。これによって農作物など植物の成育被害や、ヒトへの健康被害（皮膚がんリスクの増加など）が報告されている。

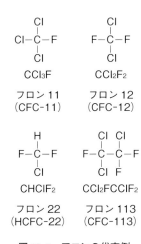

図 12-1　フロンの代表例

🌐 **フロン（CFC）の表記方法**

構成元素がわかるように 3 桁を基本とする番号が付けられている。
　百の位は炭素数　−1
　十の位は水素数　+1
　一の位はフッ素数
　（千の位は二重結合の数）

〈オゾンの生成〉
$O_2 \xrightarrow{\text{紫外線}} O + O$　紫外線により酸素分子が酸素原子に分解される
$O + O_2 \longrightarrow O_3$　酸素原子と酸素分子からオゾンが生成する

〈オゾンの分解〉
$CCl_3F \xrightarrow{\text{紫外線}} CCl_2F + Cl$　紫外線によりフロンが分解され塩素原子が生成する
$Cl + O_3 \longrightarrow ClO + O_2$　塩素原子によりオゾンが分解され ClO が生成する
$ClO + O \longrightarrow Cl + O_2$　ClO から再び塩素原子が生成する

図 12-2　オゾンの生成と分解に関する反応式例

フロンは 5-3-3 項で紹介したように、冷媒としての使用量が多い。その他スプレー用や発泡剤としても多用されてきた。全世界規模で使用され続けた古いエアコンや冷蔵庫にはまだ封入されたフロンが残存している。古い電化製品の廃棄に伴うフロンの漏れは免れず、製造や輸出入が禁止されたフロンが今でも大気に放出されていると考えられている。

12-1-3　光化学スモッグ

　自動車や工場などから排出される窒素酸化物と，ガソリン成分などの揮発性有機化合物 (VOC) が，夏の太陽からの強い紫外線を受けて光化学反応を起こすと，強い酸化力を持った**光化学オキシダント**と呼ばれる物質になる (**図 12-3**)。この光化学オキシダント (PAN など) が大気中で拡散せずに滞留すると，空に白く「もや」がかかったような**光化学スモッグ**と呼ばれる状態になる。光化学オキシダントはその強い酸化力によって，高濃度では眼や喉などの粘膜系を刺激するので，呼吸器系の炎症，眼の異常，咳の原因となる。農作物に被害をもたらすこともある。

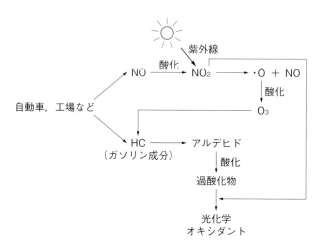

図 12-3　光化学スモッグ原因物質の発生のメカニズム

12-1-4　浮遊粒子状物質 ―SPM または PM2.5―

　粒径が小さく (10 μm 以下) 空中に浮遊する粒子状物質 (SPM) は，燃焼や熱源として電気利用時に発生する**煤塵**と，物の粉砕・選別・その他の機械的処理または堆積に伴い発生する**粉塵**とがある。煤塵はディーゼルエンジン (自動車を含む) や廃棄物焼却炉などから発生し，粉塵は粉砕機やコークス炉などから発生する。特に大きさが 2.5 μm 以下のものを PM2.5 という (10-1 節)。

　SPM の粒子をヒトが吸った場合，呼吸器の最深部である肺胞まで到達することがあるので，急性・慢性的な疾患[*1]を引き起こすことがある。特に健康被害が懸念されるのが，**石綿 (アスベスト)** や，ディーゼルエンジンなどの燃焼時に発生する煤のなかに含まれる**ベンゾピレン** (10-1 節) などで，肺の奥深くで刺激を与えることなどから発がんの原因物質である可能性が高いとされている。黄砂も大気を浮遊する SPM である。大陸の乾燥域 (主に中国) で発生した大きな砂嵐の一部が，上空の対流圏に運ばれたあと偏西風に乗って日本に運ばれてくる。黄砂粒子は 1 μm よりやや大きいところに粒径ピークを持ち，それ自体は炭酸カル

*1　急性気管支炎，気管支喘息，肺気腫などの呼吸器系疾患や心臓血管系疾患。

シウムなどの成分を含んでおり酸性雨を抑制する効果があるが，黄砂に
様々な汚染物質が付着したまま日本に到着したり，雨粒の核になったり
することもある。

12-1-5　温室効果ガス

　水蒸気や二酸化炭素などの温室効果ガスの存在によって，地表から宇
宙に向けて出ていく赤外線が完全に放射されずに一部地表に戻り地球が
保温された状態となる**温室効果**（greenhouse effect）が起こる。温室効
果ガスのおかげで，長い間，地球表面の平均気温は生物が命をはぐくむ
のに適切な 14 ～ 15 ℃ 程度に保たれてきた。地球規模で最も大きな温
室効果を持つのは水蒸気であり，大気成分中で地球を保温する役割の約
60 % を担っていると見積もられている。しかし，100 年くらい前から
地球の平均気温は確実に上がっており，その原因は，温室効果ガスの種
類や濃度が増えてきたためと考えられている。

　地球温暖化は地球規模での懸念事項であり，極地方の氷の融解や局所
的な猛暑などを引き起こしているため，温室効果ガスは国際的に排出量
削減対象となっている[*2]。二酸化炭素を 1 としたときの地球温暖化係数
（GWP）と地球温度変化係数（GTP）を**表 12-1**に示した。GWP は 赤外
線を吸収する能力の相対値であるのに対し，GTP は世界平均気温を上
げる能力の相対値である。また，GWP は 20 年，100 年，500 年の三種
類のタイムスケールに基づいた数値が発表されている。温室効果ガスの
種類によって化学的な安定性（寿命）が異なるため，残留期間などを考
慮に入れると，設定年によって異なる値となるからである。

[*2]　現在，削減の対象となっているのは，二酸化炭素（CO_2），メタン（CH_4），亜酸化窒素（N_2O：一酸化二窒素ともいう），ハイドロフルオロカーボン類（HFCs），パーフルオロカーボン類（PFCs），六フッ化硫黄（SF_6），三フッ化窒素（NF_3）である。

表 12-1　温室効果ガスの GWP と GTP

温室効果ガス	寿命（年）	GWP-20	GWP-100	GTP-100
CO_2	複数	1.00	1.00	1.00
CH_4（化石燃料由来）	11.8	82.5	29.8	7.5
CH_4（化石燃料由来でない）	11.8	80.8	27.2	4.7
N_2O	109	273	273	233
HFC-32	5.4	2693	771	142
CFC-11	52	8321	6226	3536
PFC-14	50000	5301	7380	9055

IPCC 第 1 作業部会第 6 次評価報告書概要（2021 年 8 月 9 日）より

【12-2】　水質汚濁の化学

　人間の経済活動によって，河川・湖沼・港湾・沿岸海域などの公共用
水域の水質が損なわれ，直接的または間接的に人々の健康や生活環境の
水準を低下させ被害を生じさせることを水質汚濁という。その原因とし
ては，1）有害物質の廃水への混入，2）微生物や水中生物の密度増加に

伴う水中溶存酸素濃度の低下，3）嫌気性微生物による硫化水素などの発生，4）家庭や工場からの廃水中の高濃度のリンや窒素による富栄養化，5）建設工事，農業，水害などによる大量粘土粒子の水中分散による濁水など様々である。そのような観点から，あらゆる廃水の管理，各事業活動において，自然で分解しないものや環境汚染につながる化合物をできるだけ水環境に流さない努力と管理が必要となる。

　水は様々な物質を溶かす性質を持ち，またローカルにもグローバルにも循環しているため，一度汚染された水は広く拡散してしまう恐れがある。いったん拡散した汚染水を浄化するのは大変困難である。水質汚濁が原因となった過去の公害病には，水俣病（メチル水銀による海水域の汚染と，海洋魚類の汚染）とイタイイタイ病（亜鉛精錬時の廃水へのカドミウム混入）がある。メチル水銀が環境に放出されてしまった原因は，アセチレンと水から水銀触媒を用いてアセトアルデヒドが作られる工場で，副反応によって生成したメチル水銀が廃水に混入してしまったことにある（下式参照）。

$$H-C \equiv C-H + H_2O \xrightarrow[\text{（触媒）}]{\overset{\text{硫酸水銀}}{Hg_2SO_4}} CH_3CHO$$

アセチレン　　　　　　　　　　　　　　　　　　アセトアルデヒド

　海水中のメチル水銀は魚類のエラや口から直接体内に入り，それが生物濃縮（10-1 節）を繰り返して高濃度に蓄積し，ヒトの食事に戻ってきたとされている。メチル水銀は $[CH_3Hg]^+X^-$ のように表され，水に溶け，アミノ酸と結合しやすい性質を持っているため，容易に血液で運搬されて脳神経系を冒し，胎盤をすりぬけ胎児に移行する。イタイイタイ病は，カドミウムが亜鉛鉱物に不純物として含まれそれが廃水に混ざってしまったことが原因である。カドミウムは人体に毒性を示し発がん性もある。慢性毒性では肺気腫，腎障害，タンパク尿なども示す。体内に吸収されたカドミウムは骨の主成分であるカルシウムなどを体外に排出させるため骨や関節が脆弱となり，結果として骨粗しょう症に類似した症状が生じる。

　中国では急速な経済発展に伴って大気や水環境が著しく汚染されてきた。河川や湖沼が工場廃水中の重金属類や石油類で汚染された事例，生活下水や畜産業の糞尿で汚染された事例，化学肥料の多用による土壌汚染が原因で河川水のリンや窒素の濃度が上がった事例など多様である。中国全土でがんの発病率が異常に高い地区が数十か所あり，その多くが水汚染が原因とされる。近年では環境大国として技術的にこれらの汚染を解決する動きが強まっている。

　アメリカでは大量の廃棄物の埋立て廃棄によって土壌汚染が起こり，それに伴う地下水源の水質汚染も問題になっている。さらにアメリカの東部では，エチレンガス革命によって続けられた水圧破砕法によるオイ

ルやガスの採掘において大量に使用した界面活性剤や化学物質が，水道水源の地下水を汚染している。このように，自然には分解しにくい有機物や重金属などの有害物質が雨によってゆっくりと地下にしみ込むことで大量の地下水を汚染してしまう。最終的に，飲み水の水質が著しく低下した事例が複数報告されている。

　その他，水道配管に鉛がまだ残っているところが世界では散在しており，配管の経年劣化によって水道水に鉛が混入しているケースも多く見られている。鉛の健康被害が明確になってから鉛は配管に使われなくなっているが，古いものが放置されているところが，欧米の複数の国でもいまだに存在している。

【12-3】　プラスチックの化学

　私たちの生活はたくさんの**プラスチック**商品で支えられている。プラスチックは私たちのくらしに大きな恩恵を与えてくれる一方で，自然界では分解されないものがほとんどである。また原料として化石燃料をたくさん使って合成されていることなどからも，プラスチックの利用や廃棄が大きな環境問題となっている。

　プラスチック（plastic）という言葉は，可塑性がある（形が変えられる）という意味に由来する。プラスチックには固形状のもの，フィルム状のもの，繊維質のもの，発泡スチロールのような多孔質のものなど，用途に応じて様々な形態がある。プラスチックの性質は，主に原料の高分子の種類（分子構造）によって決まるが，可塑剤などの添加物の種類や量,形状などによっても特徴は大きく変わる。異なる種類のプラスチックを積層することによって作られた製品の強度や密閉性は単独高分子からなるプラスチックよりもはるかに高いが，分別やリサイクルが困難になる。

12-3-1　プラスチックの合成プロセス

　プラスチックは炭素と水素を主な構成元素とする高分子化合物である。ほとんどが石油や天然ガス由来で人工的に合成されている。原油を

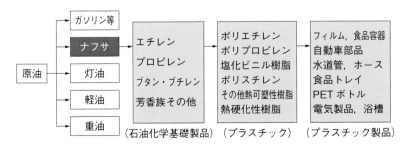

図 12-4　原油がプラスチック製品になるまでの流れ

精製してできる**ナフサ**（粗製ガソリン）を原料とするものが多い。プラスチックを合成するプロセスを**図 12-4** に示す。

　原油を蒸留・精製して得られるナフサ（比較的長い炭化水素）を，一度熱分解して，エチレン，プロピレンなどの低分子量の化合物に変換する。それらを原料の**モノマー**（繰り返し構造となるもとの化合物）とし，同じ構造が繰り返される構造の高分子重合体（**ポリマー**）が**重合反応**によって合成される。ただし，単一の直鎖状の高分子だけでは製品として扱いにくいものも多く，**架橋反応**（網目構造を作るための反応；10-2-4 項 側注）を加えたり，添加剤を加えたりする。得られた樹脂状の重合体は，粒状にしてプラスチック成形工場に出荷されることが多い。添加剤の種類は多様であるが，高温や紫外線暴露によって起こる酸化劣化に対して，プラスチックが本来持つ物性や色調などを維持するために必要な「高分子用安定剤」と，プラスチックの機械的強度，柔軟性・難燃性などの性質を新たに付与するための「機能付与剤」がある。

　図 12-5 に，ポリエチレンを例として重合反応を模式的に示した。原料モノマーはエチレン（C_2H_4）で，得られるポリマーがポリエチレンである。長い構造式は示しにくいため，繰り返し構造をカッコでくくる右側の描き方が簡単である。ここで，n は繰り返しの数であり**重合度**と呼ばれる。重合反応は高分子の種類によって異なっており，ポリエチレンのように単一のモノマーから重合される場合もあれば，複数のモノマーから共重合されるものもある。重合反応に応じて特異的な触媒や溶媒が用いられることも多い。

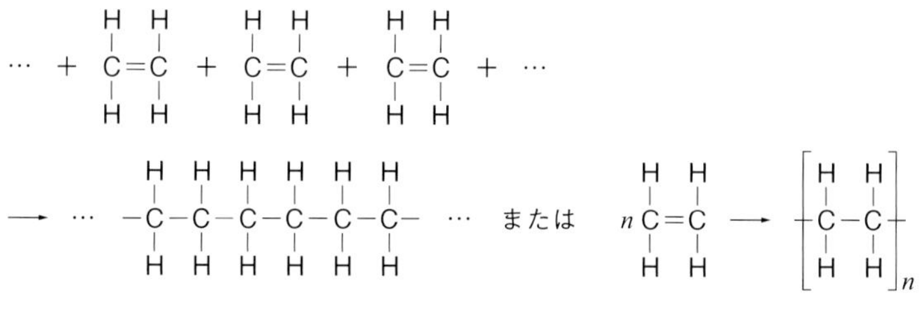

図 12-5　ポリエチレンを例とした重合反応の例

12-3-2　**プラスチックの種類**

　プラスチック素材は，熱可塑性（熱によって軟らかくなり，変形するもの）と熱硬化性（熱によって硬くなるもの）に大別される。プラスチックには種類がたくさんあり，用途に応じて材料が使い分けられている。代表的なプラスチックの分子構造とその用途を**表 12-2** に示した。

表 12-2　代表的なプラスチックの成分（高分子）

名称	分子構造	特徴	用途
ポリエチレン (PE)	$\cdots\left[\begin{array}{c} H\ H \\ -C-C- \\ H\ H \end{array}\right]_n\cdots$	最も一般的な樹脂。軽量で耐水性・耐薬品性に優れ，電気絶縁性に優れる。	包装資材，家庭用品，電線，ケーブル被膜など
ポリプロピレン (PP)	$\cdots\left[\begin{array}{c} H\ H \\ -C-C- \\ H\ CH_3 \end{array}\right]_n\cdots$	最も軽い樹脂。耐水・耐薬品性に優れる。熱に弱く直射日光下では劣化しやすい。	家庭用品，コンテナ，自動車部品，ひもなど
ポリスチレン (PS)	$\cdots\left[CH_2-CH\right]$	発泡剤を使って成形したものが発泡スチロール。熱に弱い。	プラモデル，梱包材，各種部品など
ABS 樹脂	$\left[CH_2-CH\atop CN\right]\left[CH_2-CH=CH-CH_2\right]_m\left[CH_2-CH\right]$	強度があり，剛性・耐衝撃性に優れる。耐候性はよくない。	自動車部品，家具，電気製品の本体など
ポリ塩化ビニル (PVC)	$\cdots\left[\begin{array}{c} H\ H \\ -C-C- \\ H\ Cl \end{array}\right]_n\cdots$	耐水・耐薬品性に優れ，建材に多用される。燃焼によるダイオキシン類発生の可能性がある。	建築資材，農業資材，食品容器，ケーブル被膜など
四フッ化エチレン樹脂 (PTFE)	$\left[\begin{array}{c} F\ F \\ -C-C- \\ F\ F \end{array}\right]_n$	耐熱性が高く，耐水・耐油性も高い。フライパンのコートや化学器具，医療機器に用いられる。	調理器具，シール材，医療機器（人工血管）など
ポリウレタン (PUT または PUR)	$\left[\begin{array}{c} O\ \ \ \ \ \ \ \ \ \ O \\ -O-R-O-C-N-R'-N-C- \\ H\ \ \ \ \ \ H \end{array}\right]_n$	抗張力や耐摩耗性，耐油性に優れるが，耐熱性や耐水性は低く，劣化が早い。	包装資材，家庭用品，電線，ケーブル被膜など
ポリエチレンテレフタラート (PET)	$\left[\begin{array}{c} O\ \ \ \ \ \ \ O \\ -C-\bigcirc-C-O-CH_2-CH_2-O \end{array}\right]_n$	軽量で柔軟性に富む。酸素透過性もあるため，飲料の容器に多く用いられる。有機溶剤に弱い。	飲料容器，カーペット・服（ポリエステル），フィルムなど

【12-4】 廃棄物とリサイクルの化学

12-4-1 プラスチックのリサイクルと廃棄物

　カリフォルニア州立大学サンタバーバラ校のガイヤーらの研究成果によると，1950 年から 2015 年までの 65 年間で，世界で合計 78 億トンを超えるプラスチックが生産されており，その半分は 2000 年を超えてから生産されたものであると計算されている。世界で生産されるプラスチックの量は年々増え続け，2020 年の 1 年間に生産された量は 3 億 7000 万トンにもなり，その年に廃棄されたプラスチックの量はほぼ同量と見積もられている。日本では年間約 1 千万トン前後のプラスチック廃棄物が出されていて，その半分が一般廃棄物由来である。2020 年の一般プラスチック廃棄物の総排出量 410 万 t の内訳は，包装・容器等・コンテナ類だけで全体の 8 割近くを占めている。

　廃棄されるプラスチックの 86 ％ が有効利用されていて，**マテリアルリサイクル** 21 ％，**ケミカルリサイクル** 3 ％，**サーマルリサイクル** 62 ％

三つのリサイクル

マテリアルリサイクルは廃棄物を同じ物質に再生して利用すること，ケミカルリサイクルは廃棄物を化学反応によって使える物質に変えて再利用すること，サーマルリサイクルは廃棄物を燃やすときに発生する熱エネルギーを回収して利用することである。

である。サーマルリサイクルといわれているもののほとんどが燃焼処理を意味していて，廃熱から温水を作ったり発電したりすることも可能であるが，たくさんの二酸化炭素 CO_2 を排出する。

　日本でのケミカルリサイクルはたったの 3 % である。資源の有効利用や環境への配慮の観点から，ケミカルリサイクルのさらなる技術開発が望まれている。PET やポリスチレンなどのケミカルリサイクルは，それぞれをモノマー（重合前の原料）または**オリゴマー**（モノマーがいくつかつながったもの）に戻す反応を可能にし，産業レベルでも展開されている。**図 12-6** は，国立研究開発法人 産業技術総合研究所（産総研）の触媒化学融合研究センター ケイ素化学チームが開発した常温 PET ケミカルリサイクル技術の概念図である。

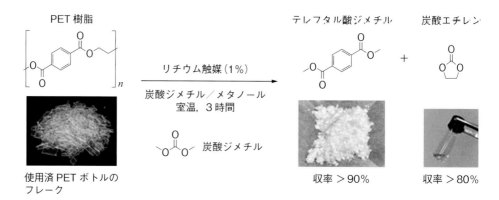

図 **12-6**　産総研の触媒化学融合研究センター ケイ素化学チームが開発した常温 PET ケミカルリサイクル技術（提供：産業技術総合研究所）

　日本では「プラスチックに係る資源循環の促進等に関する法律」が令和 3 年 6 月 11 日に公布され，令和 4 年 4 月 1 日に施行となり，持続可能な資源循環を可能とする環境整備がなお一層進められることになった。

12-4-2　海洋プラスチック問題

　海洋に存在するごみの源は，海岸近辺での市民らによるポイ捨て，家庭ごみや産業廃棄物の流出，漁業関係（漁船の一部，養殖材料，漁獲用網など）のプラスチック材料の劣化や投棄，ごみ処理業者による不法海洋投棄などである。海洋に捨てられたプラスチックゴミの中には，ボトルや袋類などの容器包装材料や，紙おむつや生理用ナプキンなどの家庭系ごみが増えている。2018 年に中国が各国からのプラスチック廃棄物の受け入れとその再処理を完全にストップしたことも，世界規模での海洋へのプラスチックごみの不法投棄の量の増加に影響していると考えられている。

　世界の大洋の表層に大量のプラスチックごみが漂流する様子が相次い

で発見され，特に太平洋に存在するごみの塊はその面積・量ともに大きく，世界一のごみベルトとなっている。太平洋ごみベルトは Great Pacific garbage patch（または GPGP）と呼ばれ，海洋表層に浮かぶ推定 8 万トンにも及ぶ巨大なプラスチックごみの塊であり，アメリカ大陸西海岸とハワイの中間あたりに存在している。海洋のプラスチックは大きな塊状のものから小さく断片になったものもあり，最も小さいものはマイクロプラスチックと呼ばれている。一般にマイクロプラスチックとはおおむね 5 mm 以下のものを指す。

　海洋に放出されたプラスチックごみの多くは太陽光，波の力などを受けて時間をかけて徐々に小さくなる。プラスチック製品を作る際に混ぜられた可塑剤などの添加物や，経年劣化によって重油などを吸着することもあり，プラスチックが含有していた，または吸着した化学物質の有毒性や環境汚染性が指摘されている。**図 12-7** のように網でも取れないごく小さなマイクロプラスチックは特に問題となっていて，これらが小魚などから順に食物連鎖に取り込まれ，高等動物に移行する。高次動物ほど生物濃縮が大きくなることもわかっている（10-1 節）。

　マイクロプラスチックの中には，洗顔料や歯磨き粉等のスクラブ剤（研磨剤）などとして利用されている，そもそもの大きさが 1 mm 以下の小さなビーズ状のものもある。いずれのプラスチックごみも，環境中では完全に分解されることは難しく，プラスチックの生産，プラごみ対策，海洋ゴミの回収など，早急の対策が求められている。

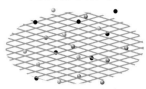

0.35 mm 以下の
マイクロプラスチック

網で取れないものも多い

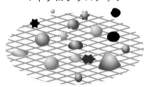

0.35 ～ 5.0 mm の
マイクロプラスチック

網で取れるが分類が大変

図 12-7　マイクロプラスチックのサンプリングの課題
小さなマイクロプラスチックは網をすり抜けてしまう。
（株式会社イプロス TechNote より改写）

12-4-3　携帯電話や電子機器のリサイクル

　私たちが毎日使っている様々な電子機器や家電製品には多種多様な金属が使われている。それらが日本製であってもほとんどの金属資源は海外から輸入されたものである。金属は天然の鉱山から鉱石として採掘され，その後，精錬過程を経て純粋な金属となる。その採掘や精錬には膨大なエネルギーと水を使用し，大量の廃棄物を出している。場合によっては森林や地下水脈などの自然環境を汚染し，児童の強制労働や労働者の健康被害など，様々な問題を引き起こし続けている。当然，遠方からの輸送には二酸化炭素の発生も伴っている。

　鉄やアルミニウムのように天然からもたくさん採掘され，かつ需要が大きいものは**ベースメタル**と呼ばれている。一方で，需要が大きいが天然存在量が希少または採掘が困難な金属は**レアメタル**と呼ばれている（1-2 節）。日本では鉄が「産業のコメ」といわれるのに対して，レアメタルは「産業のビタミン」とも呼ばれている。レアメタルは周期表の 3 族の希土類元素（**レアアース**という）17 元素を含め合計 47 元素ある（**図 12-8**）。携帯電話やスマートフォン，パソコンなどは特にレアメタルをたくさん必要とする製品である（**図 12-9**）。

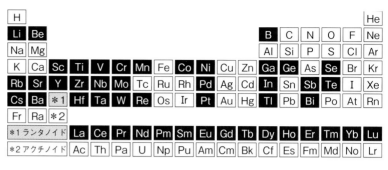

図 12-8　レアメタル元素 47 種類

レアメタルがレア（稀）である理由はいくつもある。資源の埋蔵量が少ないこと，経済的に採掘可能な品位の高い鉱石を産出する鉱床が少ないこと，埋蔵鉱量や生産量が特定の国に著しく偏在していることなどである。レアメタルの需要は日本だけでなく中国やアジアの国でも増えており，特に最近はその価格が高騰し続けている。資源の枯渇を免れ安定供給を図るためにもこれらの金属のリサイクルは必須と考えられている。

電子機器の廃棄物にはたくさんの種類の金属が多く蓄積されていることから（**表 12-3**），**都市鉱山資源**と呼ばれている。都市鉱山から金属を再生する方法は大きく分けて二つある。一つ目は**希釈型**で，廃棄物のスクラップと高品質の材料を混ぜ合わせることで，素材として使用できるレベルに再生させる方法である。鉄やアルミニウムなどで使用されている。二つ目は**抽出型**で，廃棄物からできるだけ高純度に金属を抽出して

振動モーター
ネオジム
ジスプロシウム

液晶画面
インジウム

IC チップ
金
銀
銅
スズ

コンデンサ
タンタル
マンガン
ニッケル
バリウム
チタン
パラジウム

バッテリー　リチウム
コバルト

図 12-9　スマートフォンに含まれるさまざまなレアメタル（提供：産業技術総合研究所）

表 12-3　1 年間に使用済みとなる小型電気電子機器（携帯電話，パソコン）に含まれる有用金属の種類

| | | 小型電気電子機器 | | |
| | | | 携帯電話 | パソコン |
		重量（トン）	重量（トン）	重量（トン）
ベースメタル	鉄（Fe）	230105	418	16845
	アルミニウム（Al）	24708	50	3914
	銅（Cu）	22789	1001	2730
	鉛（Pb）	740	19	220
	亜鉛（Zn）	649	44	70
貴金属	銀（Ag）	68.9	10.5	21.1
	金（Au）	10.6	1.9	4.5
レアメタル	アンチモン（Sb）	117.5	2.3	43.5
	タンタル（Ta）	33.8	3.2	14.9
	タングステン（W）	33.0	27.1	1.1
	ネオジム（Nd）	26.4	18.9	-
	コバルト（Co）	7.5	2.2	-
	ビスマス（Bi）	6.0	0.7	-
	パラジウム（Pd）	4.0	0.5	0.8
合計重量（トン）		279299	1599	23865

小型電気電子機器リサイクル制度の在り方について（第一次答申）
平成 24 年 1 月 31 日
中央環境審議会 P12 の表 9 より一部を抜粋し，国立環境研究所で作成

再生させる方法である。レアメタルや貴金属など，純度が必要とされる素材で使用されている。ただし，抽出にかかるコストは，廃棄物に含まれる他の材質や不純物の量・内容に左右され，抽出後に出た不純物も処理を要することが多い。

　携帯電話などからレアメタルを回収するには，技術的な問題以外にも大きな壁が存在する。いかに廃棄物を回収するか，レアメタル以外のパーツの材料（例えばプラスチックなど）をいかに再生するかに加え，解体 → 分離 → 選別 → 抽出 のように多くの工程において費用が発生する。携帯電話一台あたり 100 円程度の希少金属しか含まれていないため，それより低い処理コストでこれらの希少金属を回収しなければ採算が合わなくなってしまう。

12-4-4　コンポストの化学

　一般家庭のごみは，市民が自治体のルールに従って分別を行い，自治体の責任によって回収と処理が行われている。家庭系ごみの可燃物中で最も重量が多いのが，いわゆる「生ごみ」である。この生ごみを削減する最も良い方法が，**コンポスト**[*3] と考えられている。生ごみ（生物・食品由来のもの）は，畑や庭先の土の中に埋めるだけでも微生物の力によって時間をかけて土に還り，最終的には炭素分は二酸化炭素 CO_2 に，タンパク質分は硝酸態窒素や無機窒素へと無機化される。畑や庭のない家庭においては，市販の家庭用コンポストを購入するか，段ボールやプラスチックの箱でも手作りが可能である。

　コンポストの原理は，土の中の天然の微生物が生ごみを発酵し分解することによる。コンポストを効率よく行うためには，空気からの酸素供給，水分，温度，pH，C/N（炭素/窒素）比，生ごみの形状や大きさなどを，微生物が活動しやすいよう適切に整える必要がある。ほとんどのコンポストで活躍する微生物は好気性であるので，空気の供給が常時必要となる。当然，糸状菌（カビ）や食品由来の納豆菌や乳酸菌も働くので，発酵時に匂いや発熱を伴うこともある。いわゆる食品の腐敗には嫌気性微生物がはたらくことが多いため，コンポストの失敗を免れるためにも，定期的な撹拌による酸素供給は不可欠となる。できるだけ速く微生物に分解してもらうためには，生ごみがある程度小さく粉砕されていること，また過度な塩分，油分，糖分は避けることが望ましい。

　微生物の活動に適切な水分は 40 ～ 60 % 程度，適切な pH は 4 ～ 9 程度である。酸性化が進むと消石灰 $Ca(OH)_2$ で中和できる。C/N 比はバランスが重要である。C はデンプン（炭水化物）やセルロース（野菜の皮など）から供給され，N は肉や卵などのタンパク質から供給される。C/N 比が高い場合は，活動エネルギーは多量にあるが微生物の増殖が低下する。逆に C/N 比が低い場合は，微生物の数に比較して活動エネ

*3　コンポストとは，家庭の生ごみなどから堆肥を作ることをいう。

ルギー量が少なく，同じく増殖を阻害する。コンポストに適した C/N
比は 20 〜 30 程度で，C が足りない場合には木製チップを，N が足りな
い場合には尿素を足すとよいとされている。

生分解性プラスチック

　廃プラスチックの多くが，有効に再生されることな
く埋められたり，自然界（海洋等）へ投棄されたりし
ている。石油由来のプラスチックは自然界では完全に
分解されることがないため，自然界，特に海洋では太
陽の光や熱，波などの影響によって破砕され，小さな
粒状のいわゆるマイクロプラスチックになって海面に
浮いたり海面下で循環したりして，生態系を脅かして
いる。このような背景から，環境の中で完全に分解す
るプラスチックが求められている。

　いわゆる**生分解性プラスチック**とは，微生物の働き
によって分子レベルまで分解され，最終的には二酸化
炭素と水となって自然界へと循環していく性質を持っ
たもののことをいう。よって，単に環境に放出して非
生物的な分解を待つだけではなく，積極的に分別回収
することで，堆肥やメタンガスなどの再利用可能な形
でエネルギー資源や肥料として利用することが可能で
ある。日本国内で展開されている生分解性プラスチッ

クにはすでにたくさんの種類があって，ポリ乳酸の他
に，ポリグリコール酸，ポリブチレンサクシネート，
ポリビニルアルコール，ポリカプロラクトンなどの高
分子が開発されている。

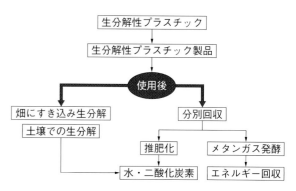

図　生分解性プラスチック製品が使用後 生分解される様子
（文献 10) より改写）

例題 12-1　酸性雨がひどくなり，世界各地の銅像や大理石建築物が侵されている。酸性雨を希硝酸 HNO_3 として
それらの反応を考えてみよう。銅像は銅 Cu，大理石は $CaCO_3$ とする。

例題 12-2　次の名称のフロンの構造を示してみよう。① CFC-1113　② HCFC-124

例題 12-3　温室効果ガスを減らすためにできることを，排出する前と排出された後についてそれぞれ考察してみ
よう。

例題 12-4　スマートフォンの中で必須の元素，ケイ素 Si やインジウム In はどのように使われているか調べてみよ
う。

例題 12-5　数多くある生分解性プラスチックのうちひとつを選んでその分子構造を示してみよ。

例題 12-6　プラスチック製品は表 12-2 で示したような原料の樹脂（高分子）の他に，機能性を持たせるために様々
な添加物（樹脂添加剤ともいう）が混ぜられることが多い。どのような添加物がどのような機能発現に使われている
か調べてみよう。

例題 12-7　地球温暖化対策として，排出される二酸化炭素 CO_2 を吸収する技術が開発されている。どのような技
術があるか調べてみよう。

●文献・サイト

1) 蟻川芳子：SOx と NOx －酸性雨の発生するしくみ．化学と教育，**46**(2)，80-83 (1998)

2) IPCC 第 1 作業部会第 6 次評価報告書概要（2021 年 8 月 9 日公表）
　https://www.ipcc.ch/report/ar6/wg1/

3) 環境省国立水俣病総合研究センター HP
　http://nimd.env.go.jp/kakubu/kiso/fujimura.html

4) 祁　建民：中国における水質汚染問題と日中環境協力．長崎県立大学東アジア研究所東アジア評論，第 12 号，1-14（2020）

5) 経済産業省・環境省 HP「プラスチックに係る資源循環の促進等に関する法律について」(2022)
　https://plastic-circulation.env.go.jp/wp-content/themes/plastic/assets/pdf/pamphlet.pdf

6) 一般社団法人 プラスチック循環利用協会 HP「2020 年 プラスチック製品の生産・廃棄・再資源化・処理処分の状況」(2021)　https://www.pwmi.or.jp/pdf/panf2.pdf

7) 産業技術総合研究所 HP「PET ボトルの常温原料化法を開発 －資源循環型社会を推進する触媒利用化学リサイクル技術－」(2021)
　https://www.aist.go.jp/aist_j/press_release/pr2021/pr20211108/pr20211108.html

8) KITA 北九州国際技術協力協会 HP「特設コーナー：コンポストの基本理論 －高倉式コンポストを活用して廃棄物マネジメントの改善を目指す」第 4 章，第 5 章 (2019)
　http://www.kita.or.jp/cgi-bin/_special/dbdsp5.cgi?f_dsp=o&f_ack=o&c_01=5&mode=dsp_list

9) 国立環境研究所 HP「環境展望台 レアメタルを含めた金属リサイクルと小型家電リサイクル法 Part1. 金属リサイクルについて」
　https://tenbou.nies.go.jp/learning/topics/kogatakaden1.html

10) 日本バイオプラスチック協会 HP「生分解性プラスチック入門」
　http://www.jbpaweb.net/gp/

例題解答

第1章　地球の化学

1-1　ダイヤモンド，金，ネオジム，ニッケル，石油や石炭は産出国が限られている。

宝飾品として使われるものは，形を変えずに子孫に受け継げばリユース（再使用）となり長く使える。また金属元素のほとんどは，化学的にはリサイクル（再生利用）が可能である。しかし電子機器などに使われる金やニッケルは一部しかリサイクルされておらず，多くのレアアースはリサイクルされていない。このまま今以上に世界での使用料が増えると，枯渇の可能性があるばかりか価格の高騰も懸念される。

石油・石炭はエネルギー源として多く利用され，燃焼反応によって二酸化炭素に形を変え消失してしまう。石油・石炭の一部はプラスチックの原料としても使われ，プラスチックのリユースやリサイクルは技術的には可能である。

1-2　混合物の例：

1) 10円玉。青銅ともいわれ，銅95％，亜鉛3〜4％，スズ1〜2％の合金でできている。

2) 牛乳。水にタンパク質や脂質などの微細な粒子が均一に分散している。

純物質の例：

1) 金の延べ棒。金でできている。

2) ドライアイス。二酸化炭素でできている。

1-3　単体で単原子分子の例：ヘリウム He やアルゴン Ar

単体で多原子分子の例：水素 H_2，酸素 O_2，オゾン O_3

化合物で多原子分子の例：二酸化炭素 CO_2，グルコース（ブドウ糖）$C_6H_{12}O_6$

1-4　標高3200 m における気圧は表より694 hPa であることから，図1-11 よりそのときの曲線の温度を読むと，約90 ℃ となる。

1-5　圧力 P と体積 V 以外は一定とする。高度が高くなると大気圧が下がるため，気体の圧力も同じく低下する。P と V は反比例の関係にあるので，P が小さくなると V は大きくなるため，菓子袋の体積が膨らむことになる。

地表付近の大気圧を P_0，航空機中の気圧を P_1，地表付近での菓子袋の体積を V_0，機中の菓子袋の体積を V_1 とする。大気圧での関係式は $P_0V_0 = nRT$，機中の関係式は $P_1V_1 = nRT$ となる。そこで，右辺の値はそれぞれ同じであることから，$P_0V_0 = P_1V_1$ となる。V_1 と V_0 の比がわかるように式を変形すると，$V_1/V_0 = P_0/P_1$ となる。

気圧については，P_1 が P_0 より30％小さいことから $P_0/P_1 = 1.0/0.7$ であり，これを式に代入すると，$V_1/V_0 = 1.0/0.7 ≒ 1.43$。つまり，理論的には約1.43倍に膨らむことになる。

第2章　水の化学

2-1　それぞれの同位体の質量数に存在率を掛けて求めてみると，$35 × 0.755 + 37 × 0.245 = 35.49$ となる。（ただし日本化学会が公開している原子量表によると，それぞれの同位体の精密質量と天然存在比は ^{35}Cl：34.96885268，75.7610 %，^{37}Cl：36.96590259，24.2410 % のように示される。）

2-2　表紙裏見開きの周期表からそれぞれの原子量を見つける。原子量は1 mol あたりの質量（g）に相当するため，その数値に g を付ける。

2-3　水1合分は180 mL で，これは180 cm³ と同じで，水の密度を掛け算すると1合の水の重さは180 g となる。これを分子量18.0で割り算すると物質量（mol）が得られる。1升分1800 mL も同様。1合は10 mol，1升は100 mol となる。

2-4　右図のとおり。リンは原子番号が15であり，電子を15個持っている。図2-5のように，この15個の電子はエネルギー的に安定な1s軌道から順に埋まっている。ここで注意したいのが，最後の3p軌道の3個の電子が3つの部屋に1つずつ入っていることである。

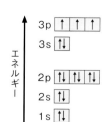

2-5 20 個の電子をエネルギー的に安定なものから充填すると右図のようになる。一番外側の軌道 4s の電子の数から，カルシウムの価電子は 2 個であることがわかる。他の元素については表 2-2 を参照するとよい。18 族の元素（貴ガス元素）の価電子は 0 である。これらの原子は原子軌道が電子で満たされているために安定で反応性が極めて低く，ふつう結合を作らない。

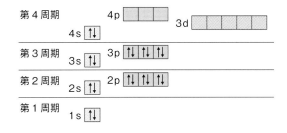

2-6 仮に 1 ppm の水溶液を考える。その溶質と溶液の重量（g）の関係は次のとおりである。

$$1\ \text{ppm} = \frac{1\ (\text{g})}{1\,000\,000\ (\text{g})}$$

希薄な水溶液の場合，その水溶液の密度はほぼ水と等しい $1.0\ \text{g/cm}^3$ とすることができる。よって分母の単位の g を $\text{cm}^3 (= \text{mL})$ に置き換えることができる。さらに分母と分子をそれぞれ 1000 で割り，それぞれの単位を読み替えると次のようになる。

$$\frac{1\ (\text{g})}{1\,000\,000\ (\text{mL})} = \frac{0.001\ (\text{g})}{1\,000\ (\text{mL})} = \frac{1\ (\text{mg})}{1\ (\text{L})} = 1\ (\text{mg/L})$$

第 3 章　生き物と化学

3-1　0.1 mol/L の塩酸の場合，$[\text{H}^+] = 0.1$ なので $\text{pH} = \log[\text{H}^+] = 1$ となる。また，0.1 mol/L の水酸化ナトリウム水溶液の場合，$[\text{H}^+] = 10^{-14}/[\text{OH}^-] = 10^{-13}$ なので，$\text{pH} = 13$ となる。

3-2　pH メーターを使う。または pH 試験紙を使う。pH 試験紙には複数の色素がしみ込んでいる。天然の野菜や果物に含まれているアントシアニン色素なども pH によって色が変わるので pH を調べるのに使うこともできる。

3-3　$n = 2 \times 1.17/58.5$ (mol)，$V = 0.5$ (L)，$T = 298$ (K) と $R = 8.31$ [Pa・L/ (K・mol)] をファントホッフの式に代入すると，$\Pi \fallingdotseq 2.0 \times 10^6$ (Pa) となる。

3-4

$$\text{NH}_2-\overset{\displaystyle \text{H}}{\underset{\displaystyle \text{CH}_3}{\text{C}}}-\text{CONH}-\overset{\displaystyle \text{H}}{\underset{\displaystyle \text{CH}_2}{\text{C}}}-\text{COOH}$$

（CH_2 の下にベンゼン環、その下に OH）

第 4 章　文明や歴史の記録と化学

4-1　**光学顕微鏡**　可視光線を使って観察する顕微鏡。試料に光を当てて，透過あるいは反射した光をレンズに集めて像を得る。一般的な観察倍率は数十倍から数百倍程度で，1 μm くらいが観察の限界である。可視光線（ヒトが見ることのできる光）の波長が 500 nm（0.5 μm）程度であることから，それより小さいものは観察できない。

電子顕微鏡　電子を試料に当て観察する顕微鏡である。最大倍率は約 100 万倍で，理論的には 1 nm まで観察できる。電子線が空気中のガス分子と衝突しないで試料に到達するために，$10^{-2} \sim 10^{-3}$ Pa の真空にしなければならない。

4-2　昔の紙は木材由来の繊維や灰汁（あく）など天然由来の原料を利用していた。現代のものは天然資源のほかに，古紙由来の繊維や，化学的に調整されたアルカリ剤を使っている。また，白くするための漂白剤（塩素系ほか）や白色顔料のほか，デンプンやロジン（天然または人工の松脂（まつやに）），硫酸アルミニウムなど，機能を持たせるために多様な添加剤が開発されている。

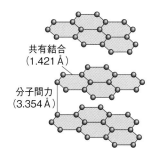

共有結合
(1.421 Å)

分子間力
(3.354 Å)

4-3　通常の黒鉛は，右図のように 1 枚ずつが交互に原子が重ならない形を繰り返

している（α黒鉛）。層と層の間には，分子間力（ファンデルワールス力）がはたらいてゆるく結合している。

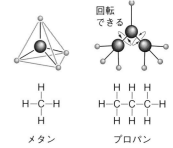

4-4　メタンの分子量は 16，プロパンは 44。メタンは空気よりも軽いがプロパンは空気よりも重い。メタンが天然ガスの主成分であるのに対し，プロパンは天然ガスにわずかしか含まれない。プロパンを得るには天然ガスから分離するか，あるいは石油の精製プロセスでガソリンや灯油の副生成物としても得られる。

第5章　調理と空調の化学

5-1　炭素は完全燃焼をすると水分を発生しないことが本文 (1) 式からわかる。メタンやその他の炭化水素は燃焼とともに水分が発生するため，その水分が食品に混ざるとカリッとした仕上がりになりにくい。

5-2　$CH_4 + 2O_2 \longrightarrow CO_2 + 2H_2O$　【$\Delta H = -888\,\text{kJ/mol}$】　………(2)

$C_3H_8 + 5O_2 \longrightarrow 3CO_2 + 4H_2O$　【$\Delta H = -2215\,\text{kJ/mol}$】　………(3)

を参考にすると，同じ化学物質量（1モル）あたりの発熱量はプロパンの方が 2.5 倍大きく，高い火力を得ることができる，または長く使うことができるといえる。しかし同じ化学物質量でプロパンは 3 倍の二酸化炭素を放出することがわかる。

5-3　反応式においてすべての分子に a, b, c と順に係数を付けていくが，どれでもよいので一つだけ 1 とする。ここでは注目するプロパンの係数 $a = 1$ とするのがよい。その他は各元素の数が，反応の前後で変わらないことを条件に関係を見つける。

$$aC_3H_8 + bO_2 \longrightarrow cH_2O + dCO_2$$

C に注目すると $3a = d$，H に注目すると $8a = 2c$，O に注目すると $2b = c + 2d$。

$a = 1$ として代入法で求めていく。$a = 1$ のとき $b = 5$, $c = 4$, $d = 3$ となる。よって次の式が得られる。

$$C_3H_8 + 5O_2 \longrightarrow 4H_2O + 3CO_2$$

5-4　1) ブタン C_4H_{10} の分子量を 58 として計算すると，物質量 (mol) は，$250 \div 58$ より約 4.31 mol となる。常温では気体の 1 mol あたりの体積は約 22.4 L なので $4.31 \times 22.4 = 96.5$ (L) となる。

2) ブタンの反応式は以下のとおり。ブタン 1 mol あたりで発生する CO_2 の割合を計算するために，式全体をブタンの係数の 2 で割ると，CO_2 の係数は 4 となる。

$$2C_4H_{10} + 13O_2 \longrightarrow 8CO_2 + 10H_2O$$
$$C_4H_{10} + 13/2\,O_2 \longrightarrow 4CO_2 + 5H_2O$$

1) の解答から，ボンベ 1 本に含まれるブタンが約 4.31 mol であるので，CO_2 の体積は $4.31 \times 4 \times 22.4 = 386.2$ (L) となる。

3) ブタンの燃焼反応の反応熱は 1 mol あたり 2877 kJ なので，ボンベ 1 本分だと $4.31 \times 2877 = 12400$ kJ となる。1 cal = 4.2 J を使うと，$12400 \div 4.2 = 2952$ kcal となる。1 cal は 1 g の水を 1 ℃ 上昇させる熱量に，また 1 kcal は 1000 g（= 1000 mL = 1 L）の水を 1 ℃ 上げるのに等しい熱量である。よって 2952 kcal ÷ 100 = 29.5 ℃ となり，100 L の水を約 30 ℃ 上昇させることのできる熱量となる。最初 20 ℃ だったので，計算上は 100 L の水を約 50 ℃ にまで温めることができる。

5-5　1000 g の水のモル数をまず計算しよう。$1000 \div 18 = 55.5$ (mol) である。よって 1000 g の水の蒸発熱は $44 \times 55.5 = 2442$ (kJ) となる。これを cal に直してみると，周りから奪える熱量が $2442 \div 4.2 = \underline{582\ (\text{kcal})}$ となる。582 kcal = 582000 cal なので，この熱量は例えば 100000 g（= 100 L）の水を 5.8 ℃ 加熱できる熱量に値する。

第6章　食品と農業の化学

6-1　スクロース（砂糖）＝ グルコース ＋ フルクトース

麦芽糖（マルトース）＝ グルコース ＋ グルコース

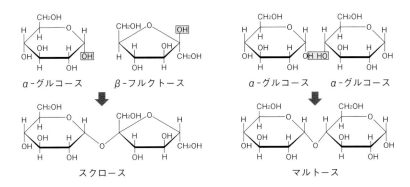

α-グルコース　　β-フルクトース　　　　α-グルコース　　α-グルコース

スクロース　　　　　　　　　　　　マルトース

6-2 表にデータを示した。玄米は白米とほぼ同じタンパク質量，エネルギー量を示すが，食物繊維，一部のビタミンやミネラルでは大きく異なることがわかる。

表　玄米と精白米100gあたりの栄養成分を比較

	玄米	精白米		玄米	精白米		玄米	精白米
エネルギー	353 kcal	358 kcal	マグネシウム	110 mg	23 mg	ビタミン K	0 µg	0 µg
タンパク質	6.8 g	6.1 g	リン	290 mg	95 mg	ビタミン B1	0.41 mg	0.08 mg
脂質	2.5 g	0.8 g	鉄	2.1 mg	0.8 mg	ビタミン B2	0.04 mg	0.02 mg
糖質	71.3 g	77.1 g	亜鉛	1.8 mg	1.4 mg	ナイアシン	6.3 mg	1.2 mg
食物繊維 （水溶性/不溶性）	3.0 g (0.7 g/2.3 g)	0.5 g (Tr/0.5 g)	銅	0.27 mg	0.22 mg	ビタミン B6	0.45 mg	0.12 mg
			マンガン	2.06 mg	0.81 mg	ビタミン B12	0 µg	0 µg
ナトリウム	1 mg	1 mg	ビタミン A	1 µg	0 µg	葉酸	27 µg	12 µg
カリウム	230 mg	89 mg	ビタミン D	0 mg	0 mg	パントテン酸	1.37 mg	0.66 mg
カルシウム	9 mg	5 mg	ビタミン E	1.2 mg	0.1 mg	ビタミン C	0 mg	0 mg

『日本食品標準成分表2015年版』（七訂）より。Trは微量を表す。
※ 糖質は，炭水化物から食物繊維を差し引いた数値。

6-3　加熱食肉製品（加熱後包装）

名　　　称	ポークソーセージ（ウィンナー）
原 材 料 名	豚肉、結着材料（でん粉、植物性たんぱく（小麦・大豆を含む）、乳たんぱく）、食塩、水あめ、香辛料
添　加　物	リン酸塩（Na）、調味料（アミノ酸等）、pH調整剤、酸化防止剤（ビタミンC）、発色剤（亜硝酸Na）
原料原産地名	枠外下部記載、商品名下に記載
内　容　量	150g
賞 味 期 限	00.00.00
保 存 方 法	要冷蔵（10℃以下）で保存してください。
製　造　者	○○食品　株式会社　＋H1 ○○県○○市○○町○-○-○

賞味期限は、未開封で保存した場合の期限です。
開封後は、お早めにお召し上がりください。

6-4　解答略。

第7章　電気エネルギーの化学

7-1　$H_2SO_4 + 2KOH \longrightarrow K_2SO_4 + 2H_2O$

反応式の左辺の係数から，硫酸はその2倍等量分の水酸化カリウムと反応することがわかる。例えば1 mol/Lの硫酸100 mLと，2 mol/Lの水酸化カリウム水溶液100 mLとを混合すれば過不足なく反応させることができる。ただし，反応の右辺の硫酸カリウムK_2SO_4は溶解度以下の濃度であれば電離して次のようにイオンに解離している。

$$K_2SO_4 \longrightarrow 2K^+ + SO_4^{2-}$$

7-2　1) 硫酸銅(Ⅱ) $CuSO_4 \cdot 5H_2O$ 水溶液に金属の亜鉛片 Zn を入れた場合，銅樹を観察することができる。

$$Zn \rightarrow Zn^{2+} + 2e^- \qquad Cu^{2+} + 2e^- \rightarrow Cu$$

2) 酢酸鉛(Ⅱ) $Pb(CH_3COO)_2 \cdot 3H_2O$ 水溶液に金属の亜鉛片 Zn を入れた場合，鉛樹を観察することができる。

$$Zn \rightarrow Zn^{2+} + 2e^- \qquad Pb^{2+} + 2e^- \rightarrow Pb$$

7-3　1.　ニッケル・カドミウム蓄電池

正極/負極：水酸化 Ni/水酸化 Cd，電圧：1.2 V

大電流の充放電が可能だが消費電力は小さいという特徴を持つ。電動工具や非常用電源などに使われる。

2.　リチウムイオン二次電池

正極/負極：リチウム遷移金属酸化物/黒鉛，電圧：3.7 V

電圧が高く，軽量コンパクトという特徴を持つ。ポータブル電子機器やハイブリッド車などに使われている。

7-4　使用済燃料をリサイクルすることを目的として作られたもの。MOX とは，mixed oxide（混合酸化化合物）の略で，プルトニウムとウランの混合物の呼び名である。MOX 燃料を「軽水炉」の原子炉で利用すると1～2割の資源節約効果が期待でき，さらに使用済燃料をそのままの形で廃棄するよりも，全体の廃棄物の量を減らすことができる。

7-5　例えば，高レベル放射性廃棄物は，下図のようにできるだけ安定で放射性物質が漏れ出ないようなバリアを作ったうえで，地表から 300 m 以上の深さの安定した岩盤に地層処分される。

（図は原子力発電環境整備機構 NUMO の HP より改写）

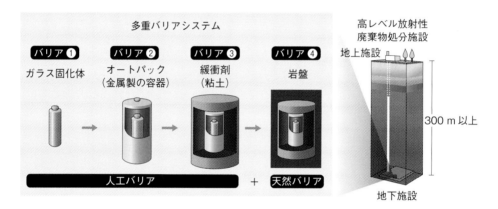

第8章　おしゃれの化学

8-1　左上から下に向けて，リシン，グルタミン酸，システイン，右上から下に向けて，アスパラギン酸，リシン，システイン

8-2　木綿，麻，レーヨン：セルロースを主成分とする（分子構造は第6章 図 6-2 参照）。

羊毛，羽毛，絹：タンパク質を主成分とする。分子構造は複雑なので省略。

アセテート：半合成繊維とも呼ばれ，セルロースの一部が酢酸基で修飾されている構造（右図）。

R：H または CH_3CO

8-3　名称：コバルトグリーン，色：青，主成分：$CoAl_2O_4$（アルミン酸コバルト）または $(CoZn)O$（CoO と ZnO の固溶体の意味）

名称：ビリジアン，色：緑，主成分：$Cr_2O \cdot 2H_2O$

参考に天然顔料や合成顔料の例を示す。

古代より用いられた天然顔料				18〜19世紀に作られたおもな合成顔料			
鉱物	主成分	色調		年	名称	主成分	
辰砂	HgS	朱		1704	プルシアンブルー	$KFe[Fe(CN)_6]$	
孔雀石	$CuCO_3 \cdot Cu(OH)_2$	明るい緑		1708	コバルトグリーン	$(CoZn)O$	
藍銅鉱	$2CuCO_3 \cdot Cu(OH)_2$	藍青		1782	亜鉛華	ZnO	
雄黄	As_2S_3	レモン黄		1802	コバルトブルー	$CoOAl_2O_3$	
硫化カドミウム鉱	CdS	橙黄		1809	黄鉛	$PbCrO_4$	
鶏冠石	AsS	橙赤		1817	カドミウムイエロー	CdS	
瑠璃(ラピスラズリ)	$Na_8Al_6Si_6O_{24} \cdot$ $(NaCa)_2(SO_4,S,Cl)_2$	青		1824	群青	$Na_8(Al_6Si_6O_{24})S_{2\sim4}$	
				1858	ビリジアン	含水クロム酸化物	

『日本大百科全書』(ニッポニカ)(小学館) より

8-4　ケイ酸：純粋なものは石英（クオーツ）として，クオーツ時計の水晶振動子や，光学フィルターなどに使われる他，一般的なガラスやセラミックスの主な成分として非晶質のケイ酸が使われる。

酸化アルミニウム：高い絶縁性，高い熱伝導率を有するので，セラミックス材料としての用途が高い。一般的な茶碗などの陶芸用の土の成分としても多く含まれている。

第9章　「キレイ」の化学

9-1

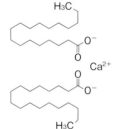

この例では，ステアリン酸の分子鎖が長いため折り曲げて描いている。

9-2　エタノールは炭素が2つのアルコールであるのに対し，プロパノール（イソプロピルアルコール）は炭素が3つのアルコールである（右図）。毒性はプロパノールの方が高く，プロパノールはわずかであっても飲用できない。エタノールは酵母による発酵過程で糖から合成される。新型コロナウイルスなどの不活性化には，いずれも70〜80％以上の濃度が効果的である。

エタノール

イソプロピルアルコール

9-3　オゾンは3つの酸素原子からなる酸素の同素体で，折れ線形の構造をしている。端の酸素どうしはつながっていないので三角形ではない。1.5重結合のような状態をとり，両端の酸素周りが電子リッチになるため，中心の酸素原子が正の電荷を帯びて分極した状態となる。

相手に酸素原子を押し付けることで1つ酸素原子を失って安定な酸素分子 O_2 になるため，強い酸化力を示す。

9-4　$Ca(OH)_2 + CO_2 \longrightarrow CaCO_3 + H_2O$

化学式が示すように，漆喰は水酸化カルシウムが主成分である。水酸化カルシウムは室内の空気中の二酸化炭素とゆっくり反応しながら炭酸カルシウムを生成する。炭酸カルシウムは水酸化カルシウムよりも化学的に安定で硬い化合物である。

第10章　健康と化学

10-1　蛍光X線分析や，X線回折分析など

レントゲン装置やX線CTスキャンでは，透過したX線（透過X線）を利用しているが，元素の種類によっては，X線を照射するとその物質からX線が発生することがある。これを「蛍光X線」という。この物質が発する蛍光X線の波長は元素によって異なるため，蛍光X線の波長ごとの分布（スペクトル）を調べれば，どの元素がどれだけ

含まれているかを調べることができる。一方で，X 線を照射すると，物質によってははねかえった X 線すなわち「散乱 X 線」または「回折 X 線」が生じるものがある。この回折 X 線は，物質に結晶構造があると，はねかえった X 線どうしが干渉を起こして X 線を強め合うことでできる。回折 X 線の波長や強度を調べると，原子結合の構造や，原子の並んでいる方向性を調べることができる。

10-2 水溶性ビタミンは血液などの体液に溶け込みやすく，余分なものは尿として排出されるという特徴を持つ。ビタミン B 群（B1，B2，B6，B12，ナイアシン，パントテン酸，葉酸，ビオチン），ビタミン C など。

脂溶性ビタミンは水に溶けない性質があるので，脂肪組織や肝臓に貯蔵されやすい。ビタミン A，ビタミン D，ビタミン E，ビタミン K など。

下に 2 つの水溶性ビタミンと脂溶性ビタミンの分子構造を示した。水溶性ビタミンの分子構造にはヘテロ原子（炭素と水素以外の原子）が存在するため水分子と相互作用をして溶けると推察されるが，ビタミン A は炭素と水素のみからなる炭水化物であるので水にはほとんど溶けないと考えられる。

ビタミン C　　ビタミン B13　　　　ビタミン A（β-カロテン）

10-3 右の構造の頂点にすべて炭素があり，炭素が 4 つの共有結合を持てるとして省略されている水素（H）を構造に書きこむとよい。

$C_{20}H_{12}$ なので，炭素は 20 個，水素は 12 個となる。

10-4 金：Au　銀：Ag　コバルト：Co　チタン：Ti

合金の例：金 Au-銀 Ag-パラジウム Pd-白金 Pt-亜鉛 Zn など

セラミックスに含まれる酸化物の例：ケイ酸 SiO_2，酸化アルミニウム Al_2O_3，酸化ジルコニウム ZrO_2，酸化カルシウム CaO，酸化イットリウム Y_2O_3 など

レジンの重合前のモノマーの例：ウレタン系ジメタクリレート，トリエチレングリコールジメタクリレート

第 11 章　毒の化学

11-1 図より，pH が 4 以上であれば塩素 Cl_2 の発生はほとんどないと考えられる。逆にいうと pH 4 以下の HCl と混ぜると塩素が発生してしまう。pH 4 の濃度は，pH の定義式 $pH = -\log[H^+]$ より $[H^+] = 10^{-4} = 0.0001$ mol/L となる。これより濃い塩酸と混ぜてはいけない。塩酸以外でも，食酢にも pH が 4 以下のものもあるし，家庭用洗剤ではシュウ酸やクエン酸などが混ぜられているものがある。表示に「酸」とあるものや酸性の溶液と混ぜないように注意する必要がある。

11-2 100 % のエタノールの致死量は，体重 60 kg の大人に対しては 6 mL × 60 kg = 360 mL = 0.36 L と計算される。12 % のワイン中に含まれるエタノールからワインの体積を換算すると，0.36 ÷ 0.12 = 3 L となる。

（注意：あくまでこの量は計算上の目安であり，致死量よりはるかに少ない量であっても急性アルコール中毒により重篤な障害をもたらす可能性がある。）

11-3 硫化水素の発生源：下水処理場やごみ処理場などにおいて，下水やごみに含まれていた硫黄 S が嫌気性細菌によって還元され硫化水素が発生する。火山で見られる硫黄は，もともとはマグマ中に溶け込んでいたもので，マグマが冷却され圧力が減少すると，揮発性成分がマグマから抜けて火山ガスとなる。硫黄成分は硫黄の単体 S や二酸化硫黄 SO_2 または気体の H_2S となって自然界に放出される。

硫化水素の毒性：ヒトは硫化水素を呼吸により肺に吸入することよって暴露される。毒性は強く，大気中の許容濃度は 5 ppm（= 0.0005 %）と設定されている。400 ppm を超えると生命に危険が生じ，700 ppm を超えると即死するといわれている。

11-4　有機酸：ギ酸, 酢酸, 酪酸, クエン酸など

　　　　無機酸：塩酸, 硝酸, 硫酸など

11-5　水素ガス：赤色, 酸素ガス：黒, ヘリウムガス：ネズミ色, 二酸化炭素：緑色

第 12 章　環境問題の化学

12-1　銅と硝酸の反応：$3Cu + 8HNO_3 \longrightarrow 3Cu(NO_3)_2 + 4H_2O + 2NO$

　　　　炭酸カルシウムと硝酸の反応：$CaCO_3 + 2HNO_3 \longrightarrow Ca(NO_3)_2 + 2H_2O + CO_2$

12-2　① 千の位 → 二重結合が1つ, 百の位 → C原子2つ, 十の位 → H原子ゼロ個,
一の位 → F原子3つ)

　　② 百の位 → C原子2つ, 十の位 → H原子1つ, 一の位 → F原子4つ

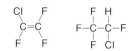

CFC-1113　　HCFC-124

12-3　二酸化炭素：社会全体ができるだけ化石燃料を燃やさないエネルギー形態へ
とシフトすることが求められる。排ガスについては, 二酸化炭素を吸収したり吸着
したりして二酸化炭素を大気に放出しない技術をできるだけ早く開発する必要がある。

メタン：家畜からの放出が多いので, 食生活や畜産・酪農業の見直しが必要。天然ガス掘削時にもたくさん大気に
放出されているので, 放出しない技術が求められる。

12-4　ケイ素（シリコン）：主に集積回路 IC 用に使われている（図は日立ハイテク HP より改写）。自然界のケイ素は
精錬を経て, 99.999999999 %（イレブン・ナイン）のレベルの超高純度の結晶となる。

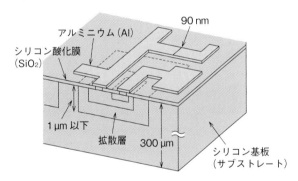

インジウム：スマートフォンやタブレットなどのタッチパネル透明電極材料の酸化インジウムスズ（ITO）として
不可欠な元素である。ITO は, 酸化インジウム In_2O_3 に酸化スズ SnO_2 が含まれている複合酸化物である。また
ITO は透明性, 導電性, ガラスへの付着力, 加工性において, 類似の材料に比べとても優れた材料である。

12-5

PLA (polylactic acid)　PBS (polybutylene succinate)　PGA (polyglycolic acid)　PCL (polycaprolactone)
乳酸　　　　　ポリブチレンサクシネート　　ポリグリコール酸　　ポリカプロラクトン

12-6　酸化防止剤（フェノール系化合物など）：寿命の延長

可塑剤（フタル酸エステルなど）：柔軟性の向上

難燃剤（臭素化アンチモン, 臭素化フェノールなど）：難燃性の向上

静電気防止剤（アルキルスルホン酸塩など）：帯電防止

顔料（無機顔料など）：着色効果

12-7　① 高分子膜を用いたガス分離により, 二酸化炭素を排ガスから取り除く方法

② アミンを用いて火力発電所からの排ガス中の二酸化炭素を化学的に吸着して排ガスから二酸化炭素を取り除く
方法 など

索　引

著者略歴

山﨑 友紀（やまさき ゆき）

京都大学大学院工学研究科物質エネルギー化学専攻修士課程修了
東北大学大学院工学研究科資源工学専攻博士課程修了（博士（工学））
現在 法政大学経済学部教授（化学研究室）

専門：水熱化学，水の科学，理科教育
著書：『地球環境学入門　第3版』（講談社，2020）他
趣味：クラシックバレエ

みつけよう化学 −ヒトと地球の12章−

2023年3月25日　第1版1刷発行

検印省略

定価はカバーに表示してあります.

著作者	山﨑友紀	
発行者	吉野和浩	
発行所	東京都千代田区四番町8-1	
	電話　03-3262-9166（代）	
	郵便番号　102-0081	
	株式会社　裳華房	
印刷所	中央印刷株式会社	
製本所	牧製本印刷株式会社	

一般社団法人
自然科学書協会会員

ISBN 978-4-7853-3527-4